QICHAIYOU JIAQING
ZHUANGZHI CAOZUO

汽柴油
加氢装置操作

杜 凤　　齐向阳　　主编
　　　　王树国　　主审

化学工业出版社
·北京·

内 容 简 介

《汽柴油加氢装置操作》是辽宁省职业教育精品在线开放课程"汽柴油加氢装置操作"的线下教学配套教材。本教材按照"模块-单元"的方式编写,内容包括汽柴油加氢基础知识、装置典型设备与控制、实训装置基本情况、实训装置开停工操作、事故处理操作、生产日常巡检、实际生产中泵的操作、实际生产冷换设备的操作、公用工程系统的操作、加氢装置安全常识十个模块。可根据教学要求或培训目标,遴选教学模块,设计并实施教学过程。

本书可作为职业院校石化类相关专业师生线上线下混合式教学用教材和学习资料,也可供从事石油化工生产的相关人员参阅。

图书在版编目 (CIP) 数据

汽柴油加氢装置操作/杜风,齐向阳主编. —北京:化学工业出版社,2021.10

ISBN 978-7-122-39813-0

Ⅰ.①汽⋯ Ⅱ.①杜⋯②齐⋯ Ⅲ.①汽油-加氢-职业教育-教材 Ⅳ.①TE624.4

中国版本图书馆 CIP 数据核字 (2021) 第 174978 号

责任编辑:王海燕　　　　　　　　　　　　装帧设计:王晓宇
责任校对:宋　夏

出版发行:化学工业出版社 (北京市东城区青年湖南街 13 号　邮政编码 100011)
印　　装:北京虎彩文化传播有限公司
787mm×1092mm　1/16　印张 12¼　字数 286 千字　2022 年 1 月北京第 1 版第 1 次印刷

购书咨询:010-64518888　　　　　　　售后服务:010-64518899
网　　址:http://www.cip.com.cn
凡购买本书,如有缺损质量问题,本社销售中心负责调换。

定　　价:39.00 元

版权所有　违者必究

辽宁省职业教育精品在线开放课程建设，坚持落实立德树人根本任务，适应"互联网+职业教育"新要求，是全面贯彻《国家职业教育改革实施方案》，落实《深化新时代教育评价改革总体方案》和《职业教育提质培优行动计划（2020—2023年）》的具体举措，也是今后职业教育教学改革的重点方向之一。

辽宁石化职业技术学院石油化工技术专业是首批国家级职业教育教师教学创新团队，及时将最新研发成果融入教学，推动信息技术与教育教学融合创新，建设了"石油及产品分析""汽柴油加氢装置操作""油气集输"等七门在线开放课程并应用于教学，特别是在新冠肺炎疫情期间和扩招后高职教育教学工作过程中发挥了积极作用，创新发展形成线上线下相结合的教学模式。其中"石油及产品分析"荣获2020年首批职业教育省级精品在线开放课程线上课程。

在课程建设中充分融合了校企合作平台共建资源，充分体现了校企合作、产教融合机制的运用。在教学方法、教学理念、信息传授方式、信息化手段以及考核方式等方面有了很大程度的突破；同时提高了学校整体课程资源建设质量；学院智能化工虚拟仿真实训基地成为全国职业教育示范性虚拟仿真实训基地培育项目，奠定了学校线上线下混合式教学的根基；保障了学校整体教学质量，为推进学校整体课程建设工作的进程迈进了一大步。

本书作为"汽柴油加氢装置操作"在线课程的配套教材，教材与线上课堂双向关联。学生在学习视频的过程中可以同时同步阅读到详细的文字描述。教材按模块编写，可根据教学要求或培训目标，遴选教学模块，实施实训项目驱动、现场教学法、"虚拟+仿真"、案例教学法、情景实操法等多种教学方法，以任务目标展开学习。

本书由辽宁石化职业技术学院杜凤、齐向阳主编，盘锦浩业化工有限公司王树国担任主审。杜凤编写了模块一、模块三、模块五、模块七，齐向阳编写了模块二、模块四、模块八、模块九，锦州石化公司齐洪奎编写了模块六，盘锦浩业化工有限公司刘占友编写了模块十。辽宁石化职业技术学院张辉和北京东方仿真技术有限公司李代华、霍旺、李国伟提供了技术资料和帮助。齐向阳负责全书的规划和统稿。

由于编者水平有限，书中难免存在不足之处，恳请广大读者批评指正。

编者

2021年7月

目录

模块一

汽柴油加氢基础知识

任务目标

1. 知识目标

掌握加氢技术原理及加氢工艺的地位和作用；

掌握影响加氢反应的主要因素。

2. 能力目标

能阐述加氢技术在石油炼制中的作用；

能对加氢反应影响因素进行分析。

3. 素质目标

培养学生追求知识、独立思考的科学态度。

教学条件 ≫

汽柴油加氢实物仿真实训室或企业加氢车间，或安装有汽柴油加氢仿真软件的机房。

教学环节 ≫

在掌握相关专业理论知识的基础上，切实贯彻 HSE 管理体系要求，落实安全教育制度，进行岗前安全教育，考核合格后方可进入实训室或生产岗位，并按照要求完成实训报告。

教学要求 ≫

认识汽柴油加氢实物仿真装置。了解加氢技术在石油炼制中的作用，掌握炼油加氢技术原理，加氢主要因素及催化剂知识。掌握实训报告编写的基本要求。

新中国成立 70 多年来，我国炼油工业实现由小到大、由弱到强的跨越式发展，成为国家经济发展的支柱行业，在能源和有机化工等领域占有重要地位，我国已成为世界最重要的炼油大国之一。炼油行业能够取得巨大的成就，离不开科技创新在其中发挥的重要支撑作用。

单元 一
炼油加氢技术原理

一、概述

原油经过常压、减压蒸馏可以得到汽油、煤油和柴油等轻质油品，但收率和质量并不高。随着工业的发展，对轻质油品的数量和质量提出了更高的要求，而催化裂化和加氢裂化是获得更多轻质油品并提高其质量的重要二次加工过程。

加氢处理，又被称为加氢精制，是石油产品最重要的精制方法之一，指在氢分压和催化剂存在下，使油品中的硫、氧、氮等有害杂质转变为相应的硫化氢、水、氨而除去，并使烯烃和二烯烃加氢饱和、芳烃部分加氢饱和，以改善油品的质量。有时，加氢精制指轻质油品的精制改质，而加氢处理指重质油品的精制脱硫。

加氢精制的原料范围极其广泛，就馏分轻重而言，从轻质馏分、中间馏分、减压馏分直至渣油。含硫原油的各个直馏馏分一般都要经过加氢精制才能达到产品规格要求；而原油热加工的产物，还含有烯烃、二烯烃等不安定的组分，就更需要通过加氢精制以提高其安定性及改善其质量。

二、加氢技术原理

加氢过程包括多种化学反应，其中包括不饱和键加氢饱和反应、加氢脱硫（HDS）反应、加氢脱氮（HDN）反应、加氢脱氧（HDO）反应、加氢裂化反应、加氢异构化反应等。

1. 加氢脱硫

加氢过程中加氢脱硫是相对容易的反应，因为 C—S 键的键能比 C—N 或 C—C 的键能要低得多。在加氢过程中，含硫化合物中 C—S 键断裂，生成 H_2S 及相应的烃。其中硫醇类化合物的加氢活性最高，其次是二硫化物，反应活性最低的是噻吩类硫化物。

2. 加氢脱氮

加氢过程中，原料中的含氮化合物发生加氢脱氮反应，生成氨及相应的烃类，其中胺类化合物的加氢脱氮比杂环氮化物加氢脱氮要容易得多。此外，含氮化合物具有非常强的吸附性能，对加氢脱硫、加氢脱氧等其他加氢反应具有抑制作用。

3. 加氢脱氧

石油中的含氧化合物主要包括环烷酸、芳香酸、脂肪酸等有机酸类、酚类、醚类、呋喃类、酰胺、酮、醛、酯等，而根据含氧化合物在 400℃脱氧的难易程度大体上分 A、B、

C 三类。其中，A 类含氧化合物是指在没有还原剂及催化剂条件下，仅仅通过热分解即可脱氧，醇基、羧基、醚及烷基醚均属于 A 类含氧化合物；B 类含氧化合物需要有还原剂存在才能发生反应，酮类及酰胺属于 B 类含氧化合物；C 类化合物若要达到完全 HDO 反应，需要同时有还原剂及活性催化剂的存在，呋喃环、酚、苯基醚等属于 C 类含氧化合物。加氢脱氧反应涉及的反应步骤较多，最终 O 元素以 H_2O 形式脱除。

4. 烯烃加氢饱和

烯烃在加氢反应条件下加氢饱和生成相应的烷烃。在实际加氢反应过程中，烯烃还会参与发生两种副反应：

① 催化剂载体的酸性中心上发生的聚合反应。
② 烯烃与 H_2S 反应生成硫醇及硫化物。

5. 芳烃加氢饱和

原油馏分中的芳烃根据芳环数量分为四类：单环芳烃、双环芳烃、三环芳烃及多环芳烃。单环芳烃在加氢反应中生成相应的环烷烃，多环芳烃的加氢反应是逐个芳环依次进行的，第一个芳环的加氢反应是最容易进行的，后续芳环的加氢反应速率逐渐变慢。

6. 加氢裂化

加氢裂化采用的催化剂具有裂化和加氢两种功能，酸性中心提供裂化功能，金属活性中心提供加氢功能。相比催化裂化，加氢裂化的反应产物基本上是饱和的，且脱除了大部分含硫及含氮化合物，其产品质量是优于催化裂化产物的。此外，在催化裂化反应中，多环芳烃易脱氢缩合生成焦炭使催化剂迅速失活，而加氢裂化则可有效避免焦炭的生成，极大延长了催化剂的寿命。在加氢裂化反应过程中，烯烃与烷烃均存在三种反应形式：裂化、异构化及环化反应。而芳烃在加氢裂化的条件下会发生侧链断裂、加氢饱和以及加氢饱和之后的开环、裂化反应。

单元二
加氢技术在石油炼制中的地位与作用

一、加氢技术在炼油工业中的地位

近代加氢技术经过 40 多年的发展，以其提高原油加工深度、改善产品质量、提高液体油收率、合理利用石油资源以及减少大气污染等优点，成为重质馏分油深度加工的主要工艺之一。加氢技术在石油炼制工艺当中的地位极为重要，已经成为最重要的石油加工前沿技术之一，将其应用于石油炼制当中可以有效地提高重油转化率，提高轻质油收率，并极大改善产品质量，降低污染。

二、加氢技术在石油炼制中的作用

1. 催化裂化原料的加氢预处理

催化裂化原料经加氢预处理之后，会不同程度地降低原料中的硫、氮及金属化合物的含量，而原料中的多环芳烃经加氢后部分饱和。因此，对催化裂化原料进行加氢预处理可以降低油浆及焦炭产率，提高液收，降低汽柴油产品中的硫含量及再生烟气中 SO_2 含量，有效降低催化裂化反应的催化剂单耗。

2. 催化裂化汽油加氢脱硫

随着汽油排放标准越来越严苛，针对催化裂化汽油产品的加氢脱硫技术应用越来越广泛。该技术面临的问题是，加氢脱硫的过程中，部分烯烃必发生加氢饱和，降低了汽油的辛烷值。为减少加氢脱硫过程中的辛烷值损失，近几年国内外各大石油公司开发了两类汽油加氢脱硫技术：一是对中、重馏分进行选择性加氢，因为大部分硫集中在中、重馏分，而大部分烯烃集中在轻馏分，这样可以在脱硫的同时保留大部分的烯烃，减少辛烷值的损失；二是使用具有裂化功能和异构化功能的加氢催化剂，通过增加小分子烃及异构烷烃的比例来弥补烯烃饱和带来的辛烷值损失。

3. 柴油加氢脱硫技术

加氢脱硫是目前炼厂柴油产品脱硫的主流技术，目前各大石油公司不断开发高活性的柴油加氢脱硫催化剂，以实现超深度脱硫，产出超低硫柴油。

4. 全加氢生产润滑油基础油

全加氢工艺生产润滑油基础油的流程一般是加氢裂化或加氢处理、加氢脱蜡、加氢补充精制。目前国内中国石化石油化工科学研究院（RIPP）开发的 RHW 技术，可加工稠油润滑油料，生产优质的环烷基润滑油基础油。此外加氢处理还可以与传统溶剂加氢相结合，增加基础油原料来源，降低原料及操作费用，减少污染。

单元 三
影响加氢反应主要因素分析

影响加氢反应的主要因素有：反应压力、反应温度、空速、氢油比、循环氢纯度、原料油性质等。下面重点以加氢裂化为例进行分析。

一、反应压力

压力对加氢反应过程的影响是通过系统中的氢分压来实现的，氢分压决定于操作总压、氢油比、循环氢纯度及原料汽化率。加氢反应是分子数减少的反应，提高反应压力对加氢反应有利。提高氢分压有利于原料油的汽化而使催化剂上的液膜厚度减小，有利于氢向催化剂表面扩散，但压力过高会增加液膜厚度，从而增加氢气扩散的阻力。加氢裂化的反应速度，与氢分压成正比，提高反应压力加氢裂化反应速度加快，有利于促进加氢裂解和抑制缩合反应，减缓催化剂表面的积炭速度，延长催化剂使用寿命，但设备投资、氢耗、能耗相应增加；降低反应压力会加快积炭速度和缩短催化剂使用周期。加氢裂化反应器内还必须保持一定的硫化氢分压，防止硫化态 Ni-Mo-W 等加氢组分因失硫而失活。实际生产上反应压力不作为一个操作变量。

此外，反应压力对加氢裂化反应速度和转化率的影响比较复杂，要根据原料性质、催化剂类型、产品要求和经济效益等诸多因素综合考虑。

二、反应温度

反应温度对产品的质量和收率起着较大的作用，是加氢裂化过程必须严格控制的操作参数，也是正常操作中经常调节的参数。加氢裂化反应的活化能较高，提高反应温度，反应速度加快，反应产物中轻组分含量增加，烷烃含量增加，环烷烃含量下降，异构烷烃与正构烷烃的比例下降。反应温度过高，加氢的平衡转化率会下降；反应温度过低，裂化反应速度过慢。为了充分发挥催化剂效能和适当提高反应速度，需保持一定的反应温度。

加氢裂化所选用的反应温度范围很宽，为 260~440℃，一般重馏分油加氢裂化温度控制为 370~440℃，反应温度是根据催化剂性能、原料性质和产品要求来确定的。加氢反应温度的提高受加氢反应热力学控制，通常在运转初期，催化剂初活性较高，反应温度可以适当低一些；运转后期，由于运转过程催化剂表面积炭增加，催化剂活性逐渐下降，为了保证反应速度，根据催化剂失活程度需将反应温度逐步提高。原料油中氮化物使催化剂酸性、活性逐渐衰减，为了保持一定的裂化深度，反应温度应逐步提高一些。有机氮化物对强酸性分子筛催化剂具有明显的毒害作用，一般要求控制加氢裂化反应器进料氮含量小于 10ppm（1ppm＝$1×10^{-6}$，mg/kg），为此一般在裂化反应器前设置精制反应器或精制段。

单纯裂化反应是吸热的反应过程，但是加氢裂化总体反应是大量放热的反应过程，反应温度增加释放的反应热量也相应增加，必须通过各床层间注入冷氢控制催化剂床层温度，一般控制温升不大于 10~20℃，并控制反应加热炉出口温度及各床层入口温度相同，以保护昂贵的催化剂，延长其使用寿命。

三、空速

空速反映装置的处理能力，也是控制加氢裂化反应深度的重要参数。在加氢裂化条件下，提高空速，反应时间缩短，加氢裂化转化深度下降，床温下降，氢耗略下降，反应产物中轻组分减少，轻油收率下降，中间馏分油收率提高。原料中稠环芳烃含量是影响选定空速的主要因素。在实际生产中，改变空速也和改变反应温度一样是调节产品分布的一种手段，空速的调节通过调节原料处理量来实现。

四、氢油比

在加氢系统中需要维持较高的氢分压，氢分压对加氢反应热力学有利，同时可抑制积炭生成的缩合反应。提高氢油比可以提高氢分压，有利于提高原料油的汽化率和降低催化剂表面油膜厚度，使转化率提高同时也可降低催化剂表面积炭速度。提高氢油比对反应是有利的，但却增大了动力消耗和操作费用，因此要根据具体条件选择最适宜的氢油比。维持较高的氢分压是通过大量的循环氢实现的，加氢反应是放热反应，大量循环氢可以有效地提高反应系统热容量，减小反应温度变化幅度，使整个反应床层温度容易控制平稳。加氢过程所用的氢油比大大超过化学反应所需的数值。在加氢裂化过程中，由于热效应较大，氢耗较大，气体生成量也增大，为了保证足够的氢分压和保持一定的反应速度并维持催化剂必要的使用寿命，对重馏分油的加氢裂化，一般采用较大的氢油比，通常为1000～1500，高的可达2000。

五、循环氢纯度

循环氢纯度高，可保持较高的氢分压，有利于提高产品质量，同时还可以减少油料在催化剂表面缩合结焦，有利于保持催化剂活性和稳定性，延长其使用期限。但过高的循环氢纯度势必大大提高操作费用，因此一般控制纯度为85%～92%。

六、原料油性质

原料油中要求有一定的硫含量，如果硫含量过低，在加氢裂化过程容易引起硫化态催化剂的脱硫，从而降低催化剂活性；但是硫含量过高，将使催化剂选择性降低，氢耗增加，氢分压降低。氮化物含量一般随馏分分子量的增加而增加，它的存在对催化剂失活、精制及裂化反应器平均反应温度、反应器催化剂装填容积都有一定的影响。加氢裂化原料中允许的氮含量、原料油终馏点和催化剂总寿命是衡量催化剂水平的重要指标。原料油中氯化物对催化剂有毒害作用，与脱氮产生的氨生成氯化铵，腐蚀堵塞空气冷却器，应采取措施加以控制。原料油的平均沸点越高和分子量越大，则越难转化，从而增加操作条件的难度；原料油终馏点越高，稠环芳烃越多，其含量也越高。将缩短催化剂的再生周期。原料油性质可用特性因数来表示，特性因数越小，芳烃含量越高。如果兼顾生产高芳烃潜含量的重整原料，高密度、低冰点喷气燃料和低凝点柴油，则应选用中间基和芳香基原料。原料油中沥青质在加氢裂化时很容易结焦，影响催化剂的活性和稳定性。另外，原料中的铅和砷会使催化剂中毒，必须限制原料油中的铅和砷的总含量<500ppm；铁虽然对催化剂活性影响不大，但铁的盐类沉积在催化剂上会使床层压降增大而影响操作周期，一般要求原料油中铁含量<2ppm，钼、镍、钒的总含量<2ppm，钠含量<1ppm。原料油中的镍、钒等金属会沉积在催化剂的表面上，这些金属的含量决定催化剂的使用周期，沉积的金属越多催化剂的使用周期越短，要求原料中金属杂质的含量低于50ppm，所含的金属杂质大多在加氢精制阶段被脱除。

对一定的原料油和选定的催化剂，操作条件可以从两个方面加以选择：一方面选择反应温度与空速，以达到最佳单程转化率与选择性，在一定的反应温度下，空速越低，反应停留时间越长，单程转化率就越高；另一方面选择氢分压与氢油体积比，抑制催化剂积炭生成，保证催化剂稳定性，并改善产品质量。

单元四
加氢反应催化剂

一、催化剂基本概念

催化剂是指能够参与反应并加快或降低化学反应速率，但化学反应前后其本身性质和数量不发生变化的物质。催化剂作用的基本特征是改变反应历程，改变反应的活化能，改变反应速率常数，但不改变反应的化学平衡。

催化剂活性是催化剂的催化能力，在石油工业中常用一定反应条件下原料的转化率来反映。催化剂的选择性是催化剂对主反应的催化能力，高选择性的催化剂能加快生成目的产品的反应速率，抑制其他副反应的发生，如果催化剂的活性好，但选择性差就会使副反应增加，增加原料成本和产品与副产物分离的费用，也不可取。所以活性和选择性都好的催化剂对工艺最有利，但两者不能同时满足，应根据生产过程的要求加以评选。

根据实际生产需要，催化剂一般应满足以下要求：足够的化学稳定性和热稳定性，较高的机械程度，对于毒物要有足够的抵抗能力。

二、加氢催化剂

有实际用途的催化剂，不管是多相的，还是均相的，除少数是由单一物质组成的外，其他都是由多种成分组合而成的混合体。按各种成分所起的作用，大致可将其分为三类，即主催化剂、助催化剂和载体，而在使用时则统称为催化剂。

1. 加氢催化剂载体

载体又称担体，是负载型催化剂的组分之一。加氢催化剂载体在催化剂主体中具有很重要的作用。

（1）充当活性组分的骨架 固体催化剂在实际使用时，必须加工成一定形状和一定大小的颗粒，使催化剂的流体力学性能符合催化过程要求。同时，这些颗粒还必须具有足够的机械强度（包括抗压强度和耐磨强度），以保证催化剂在装卸和使用过程中不易破碎。

（2）提高活性组分的利用率 多相催化反应，是反应物分子扩散—吸收—（表面反应和产物分子）脱附—扩散的过程。因而，使活性组分具有大的、可接近的表面积是催化剂具有优良性能的关键之一。但是，多数催化活性组分（金属或金属硫化物）本身的比表面积是不高的。而载体有大的比表面积，把活性组分均匀地分散于载体的表面上，就能大大增加单位质量活性组分的表面积。

（3）提高催化剂的热稳定性　单独存在的、高度分散的催化活性组分，受降低表面自由能的热力学趋势的推动，存在着强烈的聚集倾向，很容易因温度的升高而产生烧结，使活性迅速降低。如果将活性组分载在载体上，由于载体本身具有好的热稳定性，而且对高度分散的活性组分颗粒的移动和彼此接近能起阻隔作用，会提高活性组分产生烧结的温度，从而提高催化剂的热稳定性。

此外，活性组分分散在载体上后，增加了催化剂的体积和散热面积，从而改善了催化剂的散热性能，同时载体又增加了催化剂的热容，这些都能减少因反应放热所引起的催化床层的温度升高。特别是在强放热反应中，导热性能良好的载体有助于避免因反应热的积蓄使催化剂超温而引起的活性组分烧结。

（4）与活性组分发生相互作用　载体与活性组分间的相互作用，实质是不同固体之间通过界面发生的相互作用，而且是高度分散的固相（活性组分）与承载该分散相的固体（载体）之间的作用。

（5）提供催化剂所需的一部分活性中心　在某些需要两种或两种以上活性中心参与才能完成的复杂反应中，有些载体也可以提供某种功能的活性中心，与活性组分一起构成双功能催化剂。加氢裂化催化剂是有加氢组分和酸性组分的双功能催化剂。催化剂的酸性中心便是载体所提供的。

（6）提高催化剂的抗毒物性能　使用过程中，存在着多种因素使催化剂活性降低，甚至完全失去活性（简称失活）。能使催化剂活性中心丧失活性的物质（毒物）的存在是催化剂失活的重要因素之一。尤其是金属催化剂常会由于各种毒物的存在而中毒。为了保持催化剂在使用过程中的活性，一方面要尽量降低反应体系中毒物的含量，另一方面需要提高催化剂抗毒物的能力。将活性组分负载于载体上有可能增强催化剂的抗毒能力。其原因，载体除了使活性组分的表面积增加，降低对毒物的敏感性外，还有吸附、分解毒物的作用。

2. 加氢精制催化剂

加氢精制催化剂在加氢精制工艺过程中起着核心的作用，使不同性质的原料在其活性表面发生催化加氢反应，以达到加氢精制的目的。

加氢精制催化剂的活性组分属于非贵金属的是ⅥB族和Ⅷ族中几种金属的氧化物和硫化物，其中活性最好的有 W、Mo 和 Co、Ni；贵金属有 Pt、Pd 等。

加氢精制催化剂的载体有两大类：一类为中性载体，如活性氧化铝、活性炭、硅藻土等；另一类为酸性载体，如硅酸铝、硅酸镁、活性白土、分子筛等。最早使用无载体的催化剂，如 WS_2、MoS_2 等，后来就逐渐使用有载体的催化剂，如 W-Ni-Al_2O_3、Mo-Co-Al_2O_3、Mo-Ni-Al_2O_3 等。

加氢处理工艺的核心是加氢处理催化剂。氧化铝负载的 CoMo/Al_2O_3 催化剂早在1943 年就被应用于工业加氢反应中，迄今仍然是许多加氢反应中常用的催化剂。目前典型的加氢处理催化剂中最常见的活性组分的组合是 CoMo、NiMo 和 NiW，其中通常含有 $1\% \sim 4\%$（质量分数）的 Co 或 Ni，$8\% \sim 16\%$ 的 Mo 或 $12\% \sim 25\%$ 的 W。载体多为氧化铝、二氧化硅-氧化铝等，其比表面积为 $100 \sim 300 m^2/g$。

三、加氢裂化催化剂

加氢裂化催化剂是由加氢组分和酸性组分组成的双功能催化剂，这种催化剂不但具有加氢活性而且还有裂化和异构化活性。它的加氢活性和裂化活性都决定于其组成及制备方法。活性良好的催化剂，要求催化剂的裂化组分和加氢、脱氢组分之间有特定的平衡。

加氢金属组分是催化剂加氢活性的主要来源，其功能主要使不饱和烃加氢及非烃杂质（如氮、硫、氧化物）的还原脱除，同时还使生焦物质加氢而使弱酸中心保持清洁。这些活性组分主要是ⅥB族和Ⅷ族的几种金属元素 Fe、Co、Ni、Cr、Mo、W 的氧化物或硫化物，此外还有贵金属 Pt、Pd 元素。对于加氢裂化催化剂，除了加氢活性外，尚需异构化和裂化活性，这些性能是通过加氢金属组分以及载体酸性来实现的。金属加氢组分在酸性载体上的分散度，是影响其活性及选择性的重要参数。金属比表面积的大小，与加氢活性成正比。但金属含量超过必要的平衡比例，对加氢活性的促进也就不大了。比较证明，氧化型的催化剂不如硫化型；此外证明了ⅥB族和Ⅷ族金属组分的组合较单独组分活性好，各种组合的加氢活性顺序如下 Ni-W＞Ni-Mo＞Co-Mo＞Co-W，对于非贵金属加氢活性组分来说，ⅥB族和Ⅷ族金属组分的组合，存在一个最佳金属原子比，以达到最好的加氢脱氮、加氢脱硫、加氢裂化和加氢异构化活性。

为改善加氢裂化催化剂的某些性能，如选择性、稳定性、活性等，制备催化剂时常采用各种添加物-助催化剂（助剂）。大多数助剂是金属元素或金属化合物，也有的是非金属化合物，如 Cl、F、P、B 等的化合物。

工业上使用的加氢裂化催化剂按化学组成大体可分为以下几种：

① 以无定形硅酸铝（和硅酸镁）为载体，以非贵金属（Ni、W、Co、Mo）为加氢组分的催化剂；

② 以硅铝酸和贵金属（Pd、Pt）组成的催化剂；

③ 以分子筛和硅铝酸为载体，分别含有上述两类金属的催化剂。

加氢裂化催化剂是一种双功能催化剂，其使用性能的好坏，在很大程度上取决于酸性组分与加氢-脱氢组分的匹配，只有加氢活性和酸性活性以最佳配比结合，才能得到优质的加氢裂化催化剂。目前，加氢裂化催化剂大致分为两类：第一类是无定形催化剂，以无定形硅铝为催化剂的载体或载体组分，它是加氢裂化装置最早的催化剂，其特点是对中间馏分油选择性好，主要用于生产柴油，但灵活性较差，活性较低，要求较高的操作压力和反应温度。在一定压力范围内，中间馏分油的选择性随压力的提高而增加。第二类是结晶型沸石催化剂，以 Y 型分子筛为催化剂的载体或载体组分，其特点是酸性中心比无定形催化剂多，因而显示出活性高（加氢裂化的反应温度比较低，一般在 380℃）、稳定性好（平均寿命两年以上）、抗氮能力强（可以采用加氢精制和加氢裂化串联的工艺流程）、活性衰退慢、生产周期长等优点，并能转化高沸点进料。

四、保护剂

在加氢过程中，金属杂质、胶质和颗粒物等很容易沉积在催化剂的外表面以及颗粒之间，一方面堵塞催化剂的孔口，造成催化剂失活；另一方面，又导致床层压降上升，使工业装置频繁停工和更换催化剂，缩短了装置的运转周期，降低了装置的经济效益，而且增加了卸剂的难度。因此，在加工这类劣质原料时，为了保证装置长期稳定地运转，在主催化剂之前应装填保护剂，以便脱除原料中的结垢物，达到保护主催化剂的目的。这些保护剂需要有较高的容纳垢物和减少压降的能力。

五、活性支撑剂

工业加氢装置催化剂床层压降迅速升高还有一种原因：生产过程中含有双烯烃（二烯），这些双烯烃在接触高活性催化剂时极易发生缩合反应形成积炭，在催化剂床层形成积盖，导致床层压降迅速上升。因而开发了活性支撑剂，实践证明，活性支撑剂有利于延缓床层压降的上升速度。

活性支撑剂的主要用途有以下两方面：一是使烯烃饱和，二是充分利用反应器空间。

从反应原理看，凡是活性较低的加氢催化剂都可用作活性支撑剂，但必须同时具有高的机械强度。根据活性支撑剂的作用，可将其放置在主催化剂床层的上部，也可放置在主催化剂床层的底部。前者使进料中的双烯加氢饱和，后者使反应过程中裂化产生的少量不饱和烯烃加氢饱和，有效地改善了反应产物的安定性。

反应器是加氢工艺最关键的设备，制造成本昂贵。一旦反应器确定后，其可利用的空间便固定了。为了挖掘反应器空间的利用率，在一定的条件下，可考虑采用活性支撑剂来顶替瓷球，让活性支撑剂发挥部分加氢功能，既在一定程度上饱和了烯烃，又提高了反应器空间的利用率。

单元 五
加氢催化剂的预处理与再生

一、催化剂的预硫化

大部分加氢催化剂在硫化态下发挥加氢催化作用，因此在催化剂接触原料油之前应先将其活性金属组分转化成硫化态。

催化剂预硫化可分为湿法硫化和干法硫化两种，一种为催化剂硫化过程中的硫来自外加入硫化物，另一种是依靠硫化油本身的硫进行预硫化。干法硫化是在氢气存在下，用一定浓度的硫化氢或直接向循环氢中注入有机硫化物进行硫化。

二、催化剂初活稳定

预硫化过程在高浓度的硫化氢气氛中进行，导致预硫化结束后催化剂的活性金属与过量的硫阴离子键接，当反应气相中硫化氢浓度下降时，这些过量键接的硫阴离子将脱附出来，形成硫阴离子空穴，构成催化剂的活性中心。因此刚经过预硫化的催化剂具有很高的活性。另一方面，预硫化结束时系统中仍存在大量的硫化氢，他们吸附在催化剂表面，并解离成 H^+ 和 HS^-，增加了催化剂的酸性功能。如果此时与劣质的原料，特别是二次加工馏分油如催化裂化柴油、焦化柴油等接触，由于催化剂的高加氢活性和酸性，将发生剧烈的加氢反应，甚至是烃类的加氢裂化反应，短时间内产生大量的反应热，极易引起反应器超温。同时催化剂表面的积炭速度非常快，使催化剂快速失活，并影响催化剂活性稳定期的正常活性水平。

为了避免催化剂初活性阶段发生超温和快速失活，通常需要用质量较好的直馏馏分油作为原料先行接触刚刚预硫化结束的催化剂，使催化剂在接触少量杂质的情况下缓慢结焦失活，直至催化剂的活性基本稳定下来。这一过程即所谓的催化剂初活稳定阶段。经过初活稳定后，再切换为正常生产原料。

三、催化剂的再生

无论何种催化剂，经过长期的使用，由于积炭、金属沉积或活性组分状态的变化，催化剂的活性将逐渐降低，以至不符合生产的要求。为了充分利用昂贵的催化剂，必须对失活催化剂实施再生，使其基本恢复活性，再继续使用。

目前，工业上使用的催化剂再生方法有两种，一种为器内再生，即催化剂在加氢装置的反应器中不卸出，直接采用含氧气体介质再生，这是早期使用的一种催化剂再生方法；另一种为近期越来越普遍使用的器外再生方法，它是将待生的失活催化剂从反应器中卸出，运送到专门的催化剂再生工厂进行再生。

多年器内再生的实践表明，器内再生有较多的缺点，例如，因再生生产装置的停工时间较长；再生条件难以严格控制，容易发生再生温度超过限值的现象，造成催化剂受损，活性恢复不理想；再生时产生的有害气体（SO_2、SO_3、NO、NO_2）及含硫、含盐污水，若控制或处理不当，会严重腐蚀设备，污染环境；加氢装置的操作运转周期长，操作人员多年才能遇到一次再生操作，技术熟练的程度远不及专业再生操作人员，某些操作上的失误或考虑不周、处理不当，不仅影响其再生效果，甚至可能会损伤催化剂和设备。

同器内再生技术相比，器外再生技术有很多可取之处，如再生效果好，节省时间，可免除催化剂床层上部结块、粉尘堵塞所引起的床层压降上升，有利于减少设备腐蚀、环境污染，技术经济效益好，质量有保证等。因此，从20世纪70年代中期开始，器外再生技术逐渐为炼厂所接受。70年代中期以来，美国、法国、日本等国相继实现了催化剂器外再生。对于保护剂和活性支撑剂，在进行一个生产周期后进行更换，不对其进行再生。

单元 六
加氢催化剂的装卸方法

一、催化剂的干燥

加氢催化剂一般是完成最后一道高温干燥焙烧制备工序后过筛、装桶，然后运输和供应的。但以氧化铝或含硅氧化铝为载体的加氢精制催化剂和以无定形硅铝或含各种分子筛载体的加氢裂化催化剂，由于载体的多孔性、比表面积又大，具有很强的吸水性，在存放和装填过程中，与空气（或高潮湿环境）接触，不可避免地会吸收一些水分，一般为2%～3%，有时高达4%～5%。

催化剂含水至少有如下危害：装置气密合格引油预硫化过程中，当潮湿的催化剂与热的油气接触升温时，其中所含水分迅速汽化，导致催化剂孔道内水气压力急剧上升，容易引起催化剂骨架结构被挤压崩塌。而且，这时反应器底部催化剂床层还是冷的，下行的水蒸气被催化剂冷凝吸收要放出大量的热，又极易导致下部床层催化剂机械轻度受损，严重时发生催化剂颗粒粉化现象，从而导致床层压降增大。液态水或高浓度水蒸气会造成催化剂上的金属聚结、晶体变形及催化剂外形改变，从而破坏催化剂。因此，催化剂在进行预硫化前要进行氮气干燥脱水。

二、催化剂的装填

用装填设备把催化剂装填到反应器床层中有两种方法：一种是袋式装填法（又称普通装填），另一种是密相装填法。

1. 袋式装填法

袋式装填法是用帆布管袋把催化剂从反应器入口的人孔送到反应器的床层中。帆布管袋与反应器入口人孔的装填料斗相连，通过管袋把催化剂卸到床层表面。在装填过程中还需要操作人员携带呼吸器进入反应器，使催化剂分布均匀。

2. 密相装填法

密相装填法是用装填机通过一种推动力使小条催化剂进入反应器以后自由下落到床层中。小条催化剂在碰撞前都是呈水平状态，因而呈水平状态堆积、架桥和产生无用空隙的可能性极小。与袋式装填法相比，一是不需要有人进入反应器中使催化剂分布均匀，二是可以提高催化剂床层密度，可以提高反应器（加氢装置）的加工能力或延长运转周期、提高产品质量。因此，密相装填法比袋式装填法更加实用。

三、催化剂的卸出

卸出催化剂时，存在不容忽视的安全技术问题，必须注意：

① 防止未再生的催化剂和硫化铁自燃。将催化剂床层降温至40℃甚至更低，保持氮气掩护，杜绝空气进入反应器。

② 预防硫化氢中毒。在打开反应器及含硫化氢的设备、管线时，都应使用硫化氢检测器，佩戴有效的防毒面具，工作人员必须"结伴"作业。

③ 严防羰基镍中毒。加氢精制和加氢裂化过程中广泛应用的含金属镍组分的催化剂经过长期运转后失活或其他故障需卸出处理时，如操作不当，很可能产生羰基镍致癌物质而伤害操作人员和毒化环境。

羰基镍是一种挥发性液体，被人们吸入体内或接触皮肤后，都有严重的致癌性。羰基镍主要是卸出的废催化剂中的元素镍与一氧化碳在低温下化合的产物。一般在 $149\sim204℃$ 的降温冷却过程中，必须确保惰性再生气中的一氧化碳浓度低于 $10\mu g/g$，以防止羰基镍的生成。同时，在反应器温度降至 $149\sim204℃$ 以前，必须将循环氢气中的一氧化碳含量降至 $10\mu g/g$ 以下，才能继续降温。

习题与
思考

1. 叙述加氢工艺的作用。

2. 简述加氢催化剂载体的作用。

3. 加氢裂化工艺中循环氢的作用有哪些？

模块二

装置典型设备与控制

任务目标　1. 知识目标

掌握加氢装置典型设备的构造和作用；

掌握 DCS 集散控制系统的作用，尤其理解并掌握调节阀的选用方法。

2. 能力目标

能认识加氢装置设备，熟悉其构造；

能判断装置中关键部位所用调节阀是气开阀还是气关阀，并能说出原因。

3. 素质目标

培养学生将所学知识与实际应用结合的意识和能力；

培养学生严谨认真的工作态度、执行操作规程的责任意识。

教学条件 》

汽柴油加氢实物仿真实训室或企业加氢车间，或安装有汽柴油加氢仿真软件的机房。

教学环节 》

在掌握汽柴油加氢基础知识的基础上，学习加氢装置典型设备、精馏系统、换热系统及自动控制系统相关知识，完成实训任务。

教学要求 》

认识气开、气关控制阀。掌握加氢装置加热炉、反应器、加氢压缩机、分馏塔等重点设备，掌握分馏系统和换热系统的基本知识，熟悉本装置集散控制系统。

加氢介质多为易燃、易爆物料，装置的加热炉及反应器区、加氢压缩机、分馏塔区，设备数量较多，操作时要重点防范安全问题。

单元一
装置典型设备介绍

一、加氢装置的加热炉及反应器

加氢装置的加热炉及反应器区布置有加氢反应加热炉、分馏部分加热炉、加氢反应加热器、高压换热器等设备，其中大部分设备为高压设备，介质温度比较高，而且加热炉又有明火。因此，该区域潜在的危险性比较大，主要危险为火灾、爆炸，是安全上重点防范的区域。高压分离器及高压空冷区内有高压分离器及高压空冷器，若高压分离器的液位控制不好，就会出现严重问题，主要危险为火灾、爆炸和 H_2S 中毒，因此该区域也是安全上重点防范的区域。

1. 加氢反应器

加氢反应器多为固定床反应器，加氢反应属于气-液-固三相的反应，多在滴流床反应器中进行。加氢反应器分冷壁反应器和热壁反应器两种：冷壁反应器内有隔热衬里，反应器材质等级较低；热壁反应器没有隔热衬里，而是采用双层堆焊衬里。加氢反应器内的催化剂需分层装填，中间使用急冷氢，因此加氢反应器的结构复杂，反应器入口设有扩散器，内有进料分配盘、集垢篮筐、催化剂支承盘、冷氢管、冷氢箱、再分配盘、出口集油器等内构件。加氢反应器的操作条件为高温、高压、临氢，操作条件苛刻，是加氢装置最重要的设备之一。

2. 自动反冲洗过滤器

加氢原料中含有机械杂质，如不除去，就会沉积在反应器顶部，使反应器压差过大而被迫停工，缩短装置运行周期。因此，加氢原料需要进行过滤，现在多采用自动反冲洗过滤器。自动反冲洗过滤器内设约翰逊过滤网，过滤网可以过滤掉 $\geqslant 25\mu m$ 的固体杂质颗粒，当过滤器进出口压差大于设定值（0.1~0.18MPa）时，启动反冲洗机构，进行反冲洗，冲洗掉过滤器上的杂质。

3. 高压分离器

高压分离器的工艺作用是分离气-油-水三相。高压分离器的操作条件为高压、临氢，操作温度不高，在水和硫化氢存在的条件下，物料的腐蚀性增强，在使用时应引起足够重视。另外，加氢装置高压分离器的液位非常重要，如控制不好将产生严重后果，液位过高，液体易带进循环氢压缩机，损坏压缩机；液位过低，易发生高压窜低压事故，大量循环氢迅速进入低压分离器，此时，如果低压分离器的安全阀打不开或泄放量不够，将发生严重事故。因此，从安全角度来看高压分离器是很重要的设备。

4. 反应加热炉

加氢反应加热炉的操作条件为高温、高压、临氢，而且有明火，操作条件非常苛刻，是加氢装置的重要设备。加氢反应加热炉的炉型多为纯辐射室双面辐射加热炉，这样设计的目的是增加辐射管的热强度，减小炉管的长度和弯头数，以减少炉管用量，降低系统压降。为回收烟气余热，提高加热炉热效率，加氢反应加热炉一般设余热锅炉系统。

二、加氢压缩机

加氢压缩机厂房内布置有循环氢压缩机、氢气增压机，该区域为临氢环境，氢气的压力较高，而且压缩机为动设备，出现故障的概率较大。因此，该区域潜在的危险性比较大，主要危险为火灾、爆炸中毒，是安全上重点防范的区域。

1. 新氢压缩机

新氢压缩机的作用就是将原料氢气增压送入反应系统，这种压缩机一般进出口的压差较大，流量相对较小，多采用往复式压缩机。往复式压缩机的每级压缩比一般为 2～3.5，根据氢气气源压力及反应系统压力，一般采用 2～3 级压缩。往复式压缩机的多数部件为往复运动部件，气流流动有脉冲性，因此往复式压缩机不能长周期运行，多设有备用机。往复式压缩机一般用电动机驱动，通过刚性联轴器连接，电动机的功率较大、转速较低，多采用同步电机。

2. 循环氢压缩机

循环氢压缩机的作用是为加氢反应提供循环氢。循环氢压缩机是加氢装置的"心脏"。如果循环氢压缩机停运，加氢装置只能紧急泄压停工。循环氢压缩机在系统中是循环作功，其出入口压差一般不大，流量相对较大，一般使用离心式压缩机。由于循环氢的分子量较小，单级叶轮的能量头较小，所以循环氢压缩机一般转速较高（8000～10000r/min），级数较多（6～8 级）。循环氢压缩机除轴承和轴端密封外，几乎无相对摩擦部件，而且压缩机的密封多采用干气式密封和浮环密封，再加上完善的仪表监测、诊断系统，所以，循环氢压缩机一般能长周期运行，无需使用备用机。循环氢压缩机多采用汽轮机驱动，这是因为蒸汽汽轮机的转速较高，而且其转速具有可调节性。

三、分馏塔

分馏塔区的设备数量较多，介质多为易燃、易爆物料，高温热油泵是应重点防范的设备，高温热油一旦发生泄漏，就可能引起火灾事故，分馏塔区内有大量的燃料气、液态烃及油品，如发生事故，后果将十分严重。此外，脱丁烷塔及其干气、液化气中 H_2S 浓度高，有中毒危险，因此该区域也是安全上重点防范的区域。

单元二
分馏系统

　　分馏系统的主要任务是在稳定的操作状态下把进料混合物按沸点范围分割为不同的目标产品，并保证各产品的质量合乎规定要求；同时还要充分利用各温度区间的热能，降低装置能耗。

一、精馏原理及特点

　　精馏是一个复杂的多级分离过程，即同时进行多次的部分汽化和部分冷凝的过程。它是利用液态混合物中各组分挥发度不同使各组分分离的一种方法。精馏是工业上分离液体混合物最常用的一种单元操作。精馏操作的特点：一是在精馏过程中不需要加入其它组分，因此通过精馏操作可以直接获取所需要的组分（产品）；二是精馏过程中会产生大量的气相和液相，因此需要消耗大量的热能。

　　精馏的基本原理是利用汽液中各组分的相对挥发度的不同进行分离。在塔中，蒸气从塔底向塔顶上升，液体则从塔顶向塔底下降。在每层板上气液两相相互接触时，气相产生部分冷凝，液相产生部分汽化，液相汽化时轻组分汽化率高，气相冷凝时重组分液化率高，经多次部分液相汽化和部分气相冷凝，使气相中的轻组分和液相中的重组分含量逐渐升高，这样就能实现轻重组分的分离，这就是精馏的过程。

　　使用精馏方法将混合物中各组分分离必须具备以下条件：

　　① 首先混合物中各组分挥发度不能相同，这是精馏操作的前提条件。两种组分挥发度的比值称为相对挥发度，相对挥发度是衡量两种物质分离难易程度的一个指标，两种物质的相对挥发度越大，说明两种物质越容易被分离。

　　② 要有一个气液两相接触的场所。

　　③ 要有稳定的液相回流和上升气相，并且上升的高温气相中重组分浓度要高于液相平衡浓度，而下降的低温液相中轻组分浓度要高于气相平衡浓度，并存在温度差，只有这样才能发生传热和传质过程，起到精馏作用。气液两相在塔板上达到的分离极限是两相达到气液平衡。

　　通常，将原料进入精馏塔的那层塔盘称为进料板（进料盘），进料板以上的塔段称为精馏段，进料板以下的塔段称为提馏段。根据精馏原理可知，单有一个精馏塔还不能完成精馏操作，而必须同时有塔底再沸器和塔顶冷凝器，再沸器的作用是提供一定量稳定的上升气流；冷凝器的作用是提供塔顶液相产品及保证有适宜的塔顶液相回流，从而使精馏塔操作能连续稳定的进行。有的精馏塔设有中段回流，中段回流的作用：一是取出塔内高温位热能，提高能效；二是平衡塔内气液相负荷，提高处理量；三是可以降低塔径。

二、影响精馏过程的主要操作因素

　　对于大规模的工业生产来说，精馏操作的基本要求是在经济的条件下，能实现连续稳定的操作，得到合格的目标产品或组分的回收率。影响精馏塔稳定操作的条件主要有：精馏塔压力、进出塔系统的物料平衡、回流比、进料热状况、塔底温度、塔系统和环境间散热等。

1. 精馏塔压力

在精馏塔中塔压是主要控制指标之一，操作中常常设定一个塔压的指标。如塔压升高，则气相中重组分减少，液相中轻组分含量会相应增加，塔顶馏出气相中轻组分含量增加，馏出量减少，塔底馏出物中轻组分含量也会增加。另外，塔压升高重组分的相对挥发度会下降，精馏效果下降。但是，由于压力升高，气相被压缩，能在一定程度上提高塔的处理能力。

2. 进出塔系统的物料平衡

生产中一般会规定塔顶馏出物组成和塔底馏出物组成，由物料平衡方程可以知道，若进料量和进料组成恒定，则塔顶馏出物流量和塔底馏出物流量也就确定了，因此在日常操作中不能随便改变塔顶、塔底馏出物抽出量，以及侧线产品的流量，否则必然会打破塔内物料平衡，导致各层塔板上气液组分发生变化，塔内气液相负荷紊乱，操作条件波动。同理，如果进料量和进料组成发生变化，应该做相应调整以维持塔内的平衡操作，常用的手段有调整回流比，改善塔身中段循环等手段，对一些有多个进料口的塔，如果进料长期改变，还可以采取更改进料位置的方法。

3. 回流比

回流比是保证精馏塔连续稳定操作的必要条件之一，并且回流比是影响精馏操作费用和设备投资费用的重要因素。对于一定的分离任务而言，应该选用适宜的回流比。

回流比增加，塔板上回流量增大，上升的气相温度降低得多，重组分也就冷凝得多，从液相回流转入气相的轻组分也增多，提高了塔板的分离效果。回流比的大小与塔板数的量有关，当产品分离程度一定时，回流比增大，塔板数可以适当地减少，节省设备投资；但是增加回流比同样会增加塔顶冷凝器和塔底再沸器的热负荷，增加操作费用，并且回流比过大会使下降的液体中轻组分含量增多，此时如果不相应的增加进料量或塔底热量，就会使轻组分来不及汽化而被带到下层塔板或塔底，影响轻组分收率；如果有侧线产品时，也会使侧线产品或塔底产品不合格。增大回流比超过一定的限度还可能会造成液泛冲塔，因此适宜的回流比应该综合考虑工艺条件和经济衡算。通常根据经验，操作回流比可取为最小回流比的 1.1~1.2 倍。

4. 进料的热状况

为了稳定塔的操作条件，我们希望进料温度能尽可能地保持稳定，但是日常生产中进料状况经常会发生改变。当进料温度发生改变时，为了维持塔内平衡操作，可以适当调整回流比，改善塔身中段循环的取热，如果塔身有多个进料口，也可以改变进料位置。

5. 塔底温度

改变塔底温度也是最常用的调节手段之一。增加塔底温度可以增大塔底上升蒸气量，改善精馏效果，降低塔底产品中轻组分含量；同时也会增加塔内气相负荷和塔的能耗，影响经济效益。

6. 塔系统和环境间散热

塔系统和环境间散热影响的是塔内温度。若塔内温度上升，则有利于液相中轻组分挥发，而不利于气相中重组分冷凝，造成的后果就是包括塔顶、塔底、各侧线抽出馏出物组成都偏重。

三、精馏塔的不正常操作现象

随着塔内气液相负荷的变化，操作有可能出现以下不正常现象：

1. 气泡夹带

在一定结构的塔板上，液体流量过大，使降液管内的液体的溢流速度过大，降液管中液体所夹带的气体泡沫来不及从降液管中脱出而被带到下一层塔板上的现象称为气泡夹带。出现气泡夹带会使气相造成返混，使已经获得的分离效果丧失，影响全塔的分离效果。

2. 雾沫夹带

当气速增大，由于气泡破裂或气体动能大于液体的表面能，而把液体吹散成液滴，并抛到一定的高度，某些液滴被气体带到上一层塔板，这种现象称为雾沫夹带。出现雾沫夹带会严重降低塔板的效率，影响产品的分割。塔板间距越大，液滴沉降时间增加，雾沫夹带量可相应减少。在操作中与雾沫夹带有关的是气体的流速，气体流速越大，阀孔速度、空塔气速均相应增大，会使雾沫夹带量增加。除此之外雾沫夹带量还与液体流量、液相黏度、密度、界面张力等物性有关。

3. 液泛

液泛又称淹塔，分为夹带液泛和溢流液泛。夹带液泛是指上升气体的速度过高，液体被上升的气体夹带到上层塔板，相邻的两块塔板间充满了气、液混合物。溢流液泛是指因降液管太小或因其他原因使降液管局部区域堵塞，液体不能正常地通过降液管向下流动，使得液体在塔板上积累而充满整个塔内空间。液泛会使塔内液体不能正常流下，造成液体的大量返混，严重地影响塔的正常操作；并且会使塔内液体滞留量猛增，致使设备主体产生破坏损伤，是操作中应该特别注意防止且应坚决杜绝的。液泛多发生于塔的中下部，它与处理量过高、原料油带水、汽提蒸汽量过大等因素有关。

4. 漏液

当气体通过塔板的速率较小时，上升的气体通过塔板上开孔的阻力和克服液体表面张力所形成的压降较小，不足以抵消塔板上液层的重力，大量的液体会从塔板上的开孔处往下漏，这种现象叫作漏液。漏液会导致塔板分离效率降低，严重的漏液会使塔板上建立不起液层，在设计和操作时应该特别注意防止。漏液往往是在开停工或处理量较低时出现，有时也与塔板设计参数选择不当有关。

单元 三
换热系统

加氢生产中对传热过程的要求经常有以下两种情况：一种是强化传热过程，如各种换热设备中的传热；另一种是削弱传热过程，如设备和管道的保温等，以减少热损失。生产中传热过程的强弱直接决定能量的利用效率，影响装置的经济效益。

一、传热基本方式

传热是由于温度差的存在而产生的能量转移。根据热力学第二定律，在无外功输入的情况下热量总是从高温物体传向低温物体，或者由物体的高温部位传向低温部位。根据传热原理不同，传热方式可分为三种基本方式：热传导、热对流、热辐射。在实际传热过程中，上述三种基本传热方式一般都不是单独作用的，而是两种或三种传热方式共同作用的结果。

1. 热传导

热传导又称导热，是指物体各部位之间不发生相对位移，仅依靠物体的分子、原子和自由电子等微观粒子的热运动而引起的热量传递。热传导在固体、液体、气体中均可进行，但是它的微观机理随着物态的不同而有所不同。

导热系统 λ 在数值上等于单位导热面积、单位时间梯度在单位时间内传导的热量，故导热系数 λ 是表征物质导热能力的一个参数，为物质的物理性质之一，其值与物质的组成、结构、密度、温度、压力有关。各种物质的导热系数通常由试验测定，导热系数的数值变化范围非常大，一般来说，固体的大于液体的，气体的最小。

计算热传导导热速率时，通常面对的都是两种基本形式的热传导，即平壁热传导（例如加热炉的炉墙）和圆筒壁热传导（例如管道保温）。

2. 热对流

流体各部分之间发生相对位移所引起的热传递过程称为热对流。对流仅发生在流体中，分为自然对流和强制对流。在实际生产中单纯的热对流传热比较少见，热对流传热一般都伴随有热传导传热，例如流体流过固体表面时，流体主体中传热方式为热对流，在流体和固体表面发生的热传递方式为热传导。热对流和热传导联合作用的传热过程，通常称之为对流传热。一般不单独考虑热对流，而是着重讨论更具有实际意义的对流传热。对流传热特点是流体的主体中依靠对流传热，而靠近壁面的流体层中依靠热传导方式传热。因此一切影响热对流和热传导的因素都会影响对流传热过程，它是一个非常复杂的物理过程。牛顿冷却定律把对流传热问题的复杂性集中到了对流传热系数 α 上，因此 α 也就成了对流传热问题的核心，对流传热系数 α 和导热系数 λ 不同，它不是流体的物理性质，它与流体的流动状态、有无相变、流体物性、壁面情况、流体流动的原因等相关。

当湍流流体流过固体表面进行传热时，在流体主体中，传热方式为热对流，其热阻最小，各温度基本一致；在流体和固体表面接触的层流内层中，传热方式为热传导，热阻大；在二者之间的缓冲层中，热对流和热传导作用大致相同，热阻居中。显然为降低传热过程的总热阻，我们应该从热阻最大的层流内层着手，因此减薄层流内层是强化传热的重要途径。减薄层流内层的方法通常有：增加流速、改变流体的流向、在流体中加入颗粒物等。

3. 热辐射

因热的原因而产生的电磁波在空间的传递，称为热辐射。热辐射的特点是：

① 不需要任何介质，可以在真空中传播；

② 不仅有能量的传递，而且还有能量形式的转变；

③ 任何物体只要在热力学温度零度以上，都能发射辐射热，但是只有在物体温度较高时，热辐射才能成为主要的传热方式。

二、强化传热过程

1. 增加传热面积

增加传热面积是增加传热效果使用最多、最简单的一种方法。现在使用最多的是提高设备单位体积的传热面积，以达到增强传热效果的目的，如在换热器上大量使用单位体积传热面积比较大的翅片管、波纹管、板翅等，使单台设备的单位体积的传热面积显著提高，充分达到换热设备高效、紧凑的目的。

2. 加大传热温差

加大传热温差是加强换热器换热效果常用的措施之一。同时，我们应该认识到，传热温差的增大将使整个热力系统的不可逆性增加，降低了热力系统的可用性。所以，不能一味追求传热温差的增加，而应兼顾整个热力系统的能量使用。

3. 增强传热系数

增强换热器传热效果最好的措施就是设法提高设备的传热系数。换热器传热系数的大小实际上是由传热过程总热阻的大小来决定，换热器传热过程中的总热阻越大，换热器传热系数值也就越低；换热器传热系数值越低，换热器传热效果也就越差。换热器在使用过程中，其总热阻是各项分热阻的叠加，所以要改变传热系数就必须分析传热过程的每一项分热阻。如何控制换热器传热过程的每一项分热阻是决定换热器传热系数的关键。

三、削弱传热过程

与强化传热相反，削弱传热则要求降低传热系数。削弱传热是为了减少热设备及其管道热损失，节约能源以及保温。主要方法概括为两方面：

1. 改变表面状况

① 采用有选择性的涂层，既增强对投入辐射的吸收又减弱本身对环境的热辐射损失。

② 加设抑制对流的元件，如在热表面之间设置遮热板。

2. 覆盖隔热材料

覆盖隔热材料是工程中较普遍的一种减少热损失的方法。它已成为传热学应用技术中的一个重要部分。

单元 四
自动控制系统

一、集散控制系统（DCS）

集散控制系统又称为分散控制系统（distributed control system，简称 DCS），它采用集中管理、分散控制的设计思想，将显示操作部分高度集中，而将控制部分分散，即危险分散，是一种能对生产进行集中监视和管理、分散控制的，以微型计算机为基础的，用数据通信把它们级联为一体的新型自动控制系统。

各大炼厂均采用能够将诸如人机界面站、现场控制站连接在一起的实时控制系统，来实现操作监视和控制功能。

加氢装置是炼油厂中易燃易爆的危险装置之一，因此，加氢装置的安全生产显得特别重要。正常情况下，操作工可以通过 DCS 完成对装置工艺过程的监控和操作；异常情况下装置发生事故（例如，从压缩机等关键设备故障等）以及突发事件（例如，火灾等）时，将通过安全联锁系统（safety instrumented system）自动启动相关设备的紧急情况处理程序，进入安全处理状态，打开或关闭相应的阀门，使装置进入安全处理过程。必要时，操作工还可以通过手动操作开关启动加氢装置安全联锁系统。

对于加氢处理装置，反应器中化学反应相对比较缓和，紧急泄压控制阀只有一个，第一分钟泄压 0.7MPa。对于加氢裂化装置，考虑到反应器中的化学反应相对比较剧烈，则设有两个紧急泄压控制阀。早期的设计中，两个泄压阀分为第一分钟泄压 0.7MPa 及第一分钟泄压 2.1MPa 两种泄压方式；另外考虑减少紧急泄压对泄压系统的冲击，两个泄压阀分为第一分钟泄压 0.7MPa 及第一分钟泄压 1.4MPa 两种泄压方式。

二、执行器

执行器在自动控制系统中的作用是接受调节器的控制信号，改变操纵变量，使生产过程按预定要求正常进行。执行器一般安装在生产现场，直接与工艺介质接触，常常在高温、高压、深冷、易漏、易堵、强腐蚀等恶劣环境工作。

1. 气动薄膜调节阀

在化工生产中使用得最多的执行器是气动薄膜调节器。气动薄膜调节器由执行机构和控制机构（阀）两部分组成。执行机构是薄膜调节阀的推动装置，它按控制信号压力的大小产生相应的推动力，推动控制机构动作，所以它是将信号压力的大小转换为阀杆位移的装置。控制机构是薄膜调节阀的控制部分，直接与被控介质接触，控制流体的流量，所以它是将阀杆的位移转换为流过阀的流量的装置。

图 2-1 是一种常用的气动执行器示意图。气压信号由上部引入，作用在薄膜上，推动阀杆产生位移，改变阀芯与阀座之间的流通面积，从而达到控制流量的目的。气动调节阀的上半部分为气动执行机构，下半部分为调节机构。

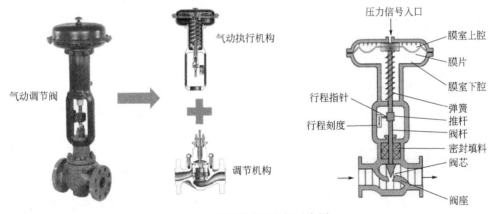

图 2-1 气动薄膜调节阀示意图

气动执行器有时还配备一定的辅助装置。常用的有阀门定位器和手轮机构。阀门定位器的作用是利用反馈原理来改善执行器的性能，使执行器能够按照控制器的控制信号实现准确定位。手轮机构的作用是当控制系统因停当、停气、控制器无输出或执行机构失灵时，利用它可以直接操纵控制阀，以维持生产的正常进行。

（1）执行机构的正反作用　当信号压力增加时，阀杆向下移动的叫正作用；当信号压力增加时，阀杆向上移动的叫反作用。

（2）调节阀的气开、气关　调节阀接收到的控制信号是气压信号，当膜输入信号增大，调节阀开度也增大时，称为气开阀，反之，称为气关阀。

2. 气开、气关的选择原则

气动薄膜调节阀有气开和气关两种形式。选择气开或气关，主要是从工艺生产的安全要求出发，可以根据以下四条原则进行选择。

（1）从生产安全出发　考虑原则是信号压力中断时，应保证设备或操作人员的安全。如果阀门在信号中断时处于打开位置的危害性小，则应该选用气关式，反之则用气开式。例如，加热炉的燃料气或燃料油要采用气开式调节阀，没有压力信号时应切断进炉燃料，避免炉温过高而造成事故。

（2）从保证产品质量出发　不发生或尽量少发生产品质量事故。

（3）从降低原料、成品动力损耗考虑　在事故发生时，尽量减少原料及动力消耗，但要保证产品质量。例如，在蒸馏塔控制系统中，进料调节阀常用气开式，没有气压就关闭，停止进料，以免浪费；回流量调节阀则可用气关式，在没有气压信号时打开，保证回流量；调节加热用的蒸汽量及塔顶产品时，也采用气开式。

（4）从介质的特点考虑　如果介质为易结晶的物料，要选用气关式，以防堵塞。换热器通过调节载热体的流量来保持冷流体的出口温度，如果冷流体介质温度太高，会结焦或分离，影响操作或损坏设备，这时调节阀就要选择气开式。

三、单回路控制系统

只有一个被控过程、一个检测变送器、一个调节器和一个调节阀所组成的单闭环系统为单回路控制系统。

控制回路中调节器正反作用的选择：

① 首先分析控制回路中每一环节的输入、输出特性，确定每一个环节的正反作用形式。

② 根据构成反馈必须为负反馈的原则，选择调节器的正反作用。

③ 有些对象的正反作用特性是不变的，如检测变送器、气开阀为正作用，气关阀为反作用。被控对象则要具体分析。

四、复杂控制系统

通常指由两个或两个以上的检测变送器、调节器和执行器所组成的多回路的、控制要求特殊的、控制规律不同于 PID 的控制系统。复杂控制系统的种类较多，常用的有串级、均匀、比例、前馈、分程、选择性控制系统等。

习题与
思考

1. 气动调节阀的选型原则首要考虑安全性，在输送易燃易爆或有毒气体介质时，阀门应选用气开阀还是气关阀，并说明理由。

2. 分析分馏塔塔顶回流罐调节阀为什么应采用气关阀？

3. 对比说明冷、热壁反应器的优劣势。

模块三
实训装置基本情况

任务目标　1. 知识目标
掌握设备及阀门标识方法；
熟悉装置主要控制要点；
掌握装置 DCS 控制系统。
2. 能力目标
认识 DCS 集散控制系统；
会操作实时监控软件。
3. 素质目标
提高学生软件操作技能；
培养学生严谨认真的工作态度、执行操作规程的责任意识。

教学条件 ≫

汽柴油加氢实物仿真实训室或企业加氢车间，或安装有汽柴油加氢仿真软件的机房。

教学环节 ≫

在掌握加氢装置分馏系统和换热系统基本知识的基础上，学习设备及阀门标识方法，熟悉实训装置 DCS 控制系统等相关知识。

教学要求 ≫

根据教学目标，掌握设备及阀门标识方法，熟悉装置主要控制要点，能够使用本装置集散控制系统。

汽柴油加氢装置分为反应工段、分馏工段、压缩机工段及公用工程四个部分。反应工段主要包括两个反应器，两个反应器可以串联使用、单独使用、用一备一，反应器的加热炉采用方形加热炉。分馏工段使用圆筒形重沸炉，用重沸炉泵强制循环，分馏塔装有玻璃视镜，便于操作者观察精馏塔板的操作状态。压缩机工段包含新氢压缩机、循环氢压缩机、新氢缓冲罐及循环氢缓冲罐等设备。公用工程部分包含仪表空气压缩机、压缩气体干燥系统（本装置有 24 台气动调节阀）、工艺气体压缩机、工艺液体的配制及回收系统。

单元一 设备及标识方法

一、设备位号及标识

在汽柴油加氢装置中，每一台设备位号、名称是唯一的，通常由一个或两个英文字母及一至四位阿拉伯数字组成。英文字母代表设备类型。

A 代表空冷器

V 代表罐或是分离器等具备储存功能的设备

E 代表换热器

C 代表压缩机

F 代表加热炉

R 代表反应器

P 代表泵

T 代表塔

第一个数字（有时是两位）代表车间/岗位号；后两位、三位数字代表设备序号。如果设备有备用的，在后面用英文字母 A、B 区分。设备位号在工艺流程图中一般标注在设备正上方（或下方），水平排列整齐。但也不排除有的企业有自己独特的设备命名方法，无论如何命名，我们要做的是将设备位号记牢，对应好现场设备。

本实训装置中所涉及的设备及与之对应的设备位号见设备位号对照表 3-1。地下集液槽 V102，实际生产过程中，接收来自催化裂化的柴油和焦化柴油以及生产中产生的不合格产品。由于实训装置中采用替代物料进行仿真生产，所以配料罐中为去离子水，配料罐位号为 V101，现场叫中间罐，也就是原料罐。仪表空气缓冲罐 V201，这个设备是用来储存过滤空气的，替代实际生产中所用氢气。本装置中罐子用 V、D 表示；过滤器用 SR 表示；产品分馏塔用 C 表示，而不是用 T；压缩机用 K 表示，而不是 C。进料泵有 A、B 泵，一开一备，位号为 P1A、P1B。反应产物后冷却器 E3、分馏塔顶后冷却器 E5、柴油产品后冷却器 E10 都是水冷器。

表 3-1　设备位号对照表

序号	位号	设备名称	序号	位号	设备名称
1	V101	配料罐	3	R101	柴油储罐
2	V109	汽油储罐	4	V112	污水储罐

续表

序号	位号	设备名称	序号	位号	设备名称
5	V102	地下集液槽	21	P1A	进料泵 A
6	V201	仪表空气缓冲罐	22	P1B	进料泵 B
7	SR1	原料油过滤器	23	P2	粗石脑油泵
8	D19	原料油脱水罐	24	P3	柴油产品泵
9	D6	原料油缓冲罐	25	P4	塔底重沸炉泵
10	D1	高压分离器	26	P5	高压注水泵
11	D2	低压分离器	27	P106	配料泵
12	D3	循环氢缓冲罐	28	P107	输料泵
13	D4	分馏塔顶回流罐	29	E1	混氢原料与反应产物换热器
14	D5	新氢缓冲罐	30	E2	分馏塔进料与反应产物换热器
15	D8	脱氧水储罐	31	E3	反应产物后冷器
16	C1	产品分馏塔	32	E5	分馏塔顶后冷器
17	F1	反应器进料加热炉	33	E10	柴油产品后冷器
18	F2	分馏塔底重沸炉	34	K1	新氢压缩机
19	R1	加氢反应器 1	35	K2	循环氢压缩机
20	R2	加氢反应器 2	36	K3	仪表空气压缩机

二、阀门名称及标识

本装置中有手阀和调节阀两类阀门，其中手阀用 HV 来表示，这样的阀门在操作过程中需要进行手动操作，后面用 3 位数字对阀门进行编号，编号顺序是按照物流走向进行编制的。装置中的调节阀，进行压力调节的调节阀用字母 PV 表示，进行温度调节的调节阀用字母 TV 表示，进行液位调节的调节阀用字母 LV 表示，字母后面均加 3 位数字作为这些调节阀的位号。例如，新氢缓冲罐压力调节阀 PV101，原料油缓冲罐液位调节阀 LV102，加氢反应器入口温度调节阀 TV102，阀门位号对照表见表 3-2。

表 3-2　阀门位号对照表

序号	位号	设备名称	序号	位号	设备名称
1	HV101	新氢缓冲罐放空阀	10	HV110	原料油分液罐出口阀
2	HV102	新氢缓冲罐排污阀	11	HV111	长循环入口阀
3	HV103	新氢压缩机入口阀	12	HV112	进料泵 A 入口阀
4	HV104	新氢压缩机出口阀	13	HV113	进料泵 A 出口阀
5	HV105	循环氢压缩机出口阀	14	HV114	进料泵 B 入口阀
6	HV106	循环氢压缩机入口阀	15	HV115	进料泵 B 出口阀
7	HV107	进料泵排污阀	16	HV116	反应器原料进口阀
8	HV108	原料油过滤器出口阀	17	HV117	反应 1 与 2 切换阀
9	HV109	原料油分液罐排污阀	18	HV118	反应 1 与 2 串联阀

续表

序号	位号	设备名称	序号	位号	设备名称
19	HV119	反应器1出口阀	54	HV154	柴油储罐排污阀
20	HV120	反应器2出口阀	55	HV155	汽油储罐排污阀
21	HV121	反应产物后冷却器冷却水进口阀	56	HV156	柴油产品泵排污阀
22	HV122	高分油相出口调节阀前阀	57	HV157	汽油储罐放空阀
23	HV123	高分油相出口调节阀后阀	58	HV158	污水罐入口阀
24	HV124	高分油相出口调节阀旁路阀	59	HV159	污水罐放空阀
25	HV125	低分油相出口调节阀前阀	60	HV160	污水罐出口阀
26	HV126	低分油相出口调节阀后阀	61	HV161	污水罐排污阀
27	HV127	低分油相出口调节阀旁路阀	62	HV162	脱氧水罐加料阀
28	HV128	分馏塔进料调节阀	63	HV163	脱氧水罐放空阀
29	HV129	分馏塔回流调节阀后阀	64	HV164	脱氧水罐排污阀
30	HV130	分馏塔回流调节阀旁路阀	65	PV101	新氢缓冲罐压力调节
31	HV131	分馏塔回流调节阀后阀	66	LV102	原料油缓冲罐液位调节
32	HV132	分馏塔后冷却器冷却水入口阀	67	PV113A	原料油缓冲压力调节
33	HV133	分馏塔顶分液罐排污阀	68	PV113B	原料油缓冲压力调节
34	HV134	塔底重沸炉泵入口阀	69	TV102	加氢反应器入口温度调节
35	HV135	塔底重沸炉泵出口阀	70	TV104	加氢反应器1一段出口温度调节
36	HV136	塔底重沸炉泵排污阀	71	TV106	加氢反应器1二段出口温度调节
37	HV137	柴油产品泵入口阀	72	TV108	加氢反应器2一段出口温度调节
38	HV138	柴油产品泵出口阀	73	TV101	E101出口原料油温度调节
39	HV139	粗石脑油泵入口阀	74	TV114	E102出口反应产物温度调节
40	HV140	粗石脑油泵排污阀	75	PV106A	高压分离器压力调节
41	HV141	粗石脑油泵出口阀	76	PV106B	高压分离器压力调节
42	HV142	分馏塔液位控制阀旁路阀	77	PV107	低压分离器压力调节
43	HV143	分馏塔液位控制阀前阀	78	LV103	高压分离器油相液位调节
44	HV144	分馏塔液位控制阀后阀	79	LV104	高压分离器水相液位调节
45	HV145	分馏塔开工收油阀	80	LV105	低压分离器油相液位调节
46	HV146	分馏塔开工收油入装置阀	81	LV106	低压分离器水相液位调节
47	HV147	柴油储罐入口阀	82	TV112	分馏塔温度控制调节
48	HV148	脱氧水罐出口阀	83	TV116	分馏塔顶温度调节
49	HV149	脱氧水罐回收入口阀	84	LV108	分馏塔顶分液罐液位调节
50	HV150	高压注水泵出口阀	85	LV107	分馏塔底液位调节
51	HV151	柴油产品后冷却器冷却水入口阀	86	PV108	分馏塔压力调节
52	HV152	循环氢放空阀	87	FV101	模拟反应耗氢量
53	HV153	柴油储罐放空阀	88	PV116	模拟解吸的低分气量

工艺流程

一、反应部分工艺流程

来自罐区的原料油，经原料油缓冲罐液位调节阀（LV102）调节控制送入装置，经原料油过滤器（SR1）、原料油脱水罐（D19）至原料油缓冲罐（D6）。原料油自 D6 经高压原料油泵（P1A/B）升压，与氢混合后经 E1（混氢原料-反应产物换热器）预热后，进入 F1（反应器进料加热炉）提温至反应所需温度 280～320℃，进入加氢反应器 R1、R2，（其中 R1、R2 可以单独运行，也可以串联运行）。在加氢精制催化剂作用下原料油进行加氢精制反应。加氢精制反应器设置两段催化剂床层，段间设置冷氢盘，以注入冷氢，控制反应温度。自"加氢反应器"出来的精制油粗产品，分别经过 E1（混氢原料-反应产物换热器）、E2（分馏塔进料-反应产物换热器）、E-3（反应产物后冷却器）冷却后，进入高压分离器 D1。

为了防止反应产物在换热过程中析出铵盐而堵塞管道和设备，将软化水自脱氧水储罐 D8 用注水泵 P5 抽出后分别注入 E2 壳程和 E3 进口管线中。在高压分离器 D1 中，反应产物进行气、油、水三相分离。自 D1 顶部出来的高分气，一部分作为循环氢；另一部分经压控控制排放量以控制系统压力和循环氢纯度，循环氢进入循环氢缓冲罐 D3，经循环氢压缩机升压后循环使用。高压分离器 D1 水相为含硫、含氨污水，送至装置外污水汽提装置污水储罐 V112 处理。高压分离器 D1 油相为加氢生成油，经调节阀降压后至低压分离器 D2。在低压分离器中生成油再进行油、气、水三相分离，低压分离器的低分气出装置，生成油送至分馏部分，底部污水排至含硫污水系统。

二、分馏部分工艺流程

自低压分离器 D2 来的生成油经 E2（分馏塔进料-反应产物换热器）预热，然后进入分馏塔 C1。分馏塔 C1 轻相油气经 E5（分馏塔顶后冷却器）冷凝冷却后，进入 D4（分馏塔顶回流罐）。不凝气体即富气经放空阀 PV108 送装置外焦化富气制氢装置，油相即粗汽油用分馏塔顶回流泵 P2 将其一部分打到分馏塔 C1 顶部作为回流，一部分粗汽油送至装置外汽油储罐 V109。分馏塔 C1 重相油从塔底部流出，一部分柴油产品经柴油产品泵 P3 送至柴油产品后冷却器 E10 冷却后出装置入柴油储罐 R101；另一部分经塔底循环泵 P4 抽出送至分馏塔底重沸炉 F2，加热后返回分馏塔向塔底提供热量，满足全塔热平衡要求。

三、压缩机部分工艺流程

装置外来的制氢、重整氢气作为本装置的新氢。新氢经进装置调节控制阀 PV001 直接送入新氢缓冲罐 D5，并经新氢压缩机 K1 升压。升压后的高压氢分二路，一路作为本装置的补充新氢，一路经新氢压缩机返回阀 PV101 返回新氢缓冲罐 D5。

自循环氢缓冲罐 D3 出来的循环氢经循环氢压缩机 K2 升压后分为二路，一部分补入新氢后，再与原料油混合；一部分作为冷氢至 R1、R2 各催化剂床层。

四、实训仿真装置控制流程图

实训仿真装置控制流程图见图 3-1。

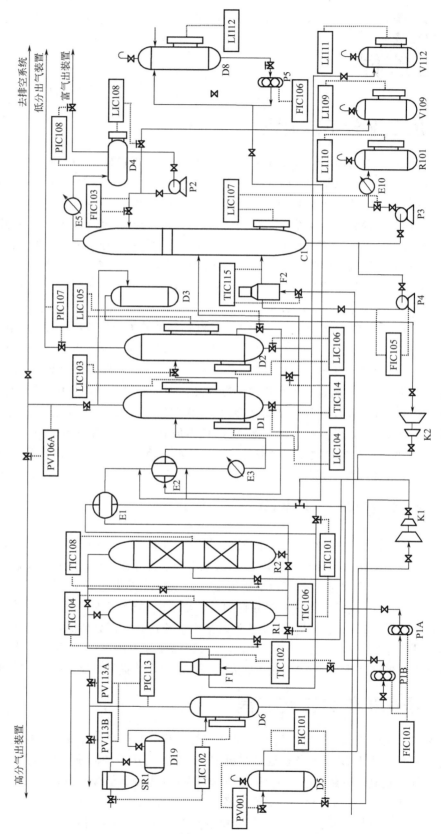

图 3-1　柴油加氢仿真装置控制流程图

单元 三
实训装置操作技术

一、主要工艺操作条件

实训装置主要工艺操作条件具体见表 3-3。

表 3-3 主要工艺操作条件

项目	单位	指标
精制反应器入口温度	℃	280～320
精制反应器床层最高点温度	℃	≤420
改质反应器床层最高点温度	℃	≤420
高分压力（表压）	MPa	6.4～6.6
低分压力（表压）	MPa	1.00～1.20
高分液位	%	35～75
低分液位	%	40～60
软化水注入量	t/h	6.0～8.0
氢油比		350：1～500：1
分馏塔顶部压力（表压）	MPa	0～0.10
分馏塔顶部温度	℃	100～120
分馏塔底部温度	℃	290～320
分馏塔液位	%	40～60
柴油出装置温度	℃	30～50
石脑油出装置温度	℃	≤40
进料加热炉出口温度	℃	280～320
塔底重沸炉出口温度	℃	290～320

二、主要控制要点

加氢精制是放热反应，其反应速度明显受控于温度，若温度一旦失控，会产生催化剂床层"飞温"的严重后果。因此加氢装置的操作运转，特别是在开停工和紧急停工处理过程中，务必控制好反应温度，严格遵循升、降温和调量操作的基本准则，防止超温超压、设备泄漏等事故的发生；避免任何人员伤害、设备和催化剂损坏的情况发生。

严格控制精制反应器入口温度为 260～355℃，以确保精制反应器床层的最高温度控制在 420℃以内。

遵循先降温后降量，先提量后提温原则，调整操作幅度要小，特别注意提温时不提量、提量时不提温。

通过控制 F1 出口温度，用反应床层冷氢量作为辅助调节控制，严格控制反应床层最高点温度不大于 420℃。

严格控制高分压力不大于 6.76MPa。紧急情况下，用高分手操阀向放空系统泄压。

严格控制高分液位在 35%～75%，防止压缩机事故或高压串低压事故的发生。

定期监测氢油比并及时进行调整，正常生产中氢油比控制在 350∶1～750∶1。

严格监测反应器急冷氢调节阀的开度，通常，急冷氢调节阀的开度不允许超过 60%。

严禁原料油进料泵、注水泵、新氢机开停时，高压串入低压。

装置开、停工过程中，反应器入口压力达到 3.50MPa 前，反应器床层最低温度不低于 135℃。

为了维持系统稳定，开停工过程中反应温度升降速度控制在 10～15℃/h。特别是新催化剂，温度控制更要小心。当温度接近于工艺指标 5～10℃，要降低升温速度，待温度平稳后再根据实际情况来调整加热炉出口温度，控制温度在工艺指标范围内。

反应系统紧急泄压速度每分钟≤0.7MPa。

单元四
实训装置 DCS 控制系统

DCS 控制系统一般由现场仪表（传感器、变送器等）、控制系统（机柜、中控电脑等）、执行器（调节器等）及相关电线、电缆等构成。

一、机柜

加氢实训装置控制柜包括两种，分别是强电柜（又称电源柜）和弱电柜（又称为控制柜），如图 3-2 所示。

装置操作前应先将机柜投用，弱电柜的卡件全部为绿灯亮时才可正常使用。

二、软件系统

本软件共设有三种身份：比赛人员（工程师）、裁判人员（特权）和 admin（特权+）。双击桌面上实时监控图标，点击用户登录按钮，弹出对话框进行使用权限的选择，其中选择比赛人员进行登陆，只具备最低权限，在翻页项可看到流程图、指标设置表一、指标设置表二和指标设置表三。选择裁判人员进行登陆，既有操作权，又可以对部分比赛设置项进行修改；并且负责在选手点击"考核开始"按钮前输入故障。选择 admin 进行登陆，既有操作权，又可以享有更多修改权限。裁判人员和 admin 还可以看到如下几个画面，如图 3-3～图 3-6 所示。

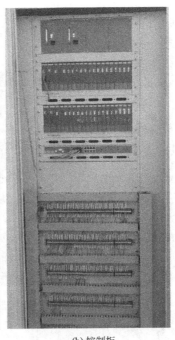

(a) 电源柜　　　　　　　　　(b) 控制柜

图 3-2　加氢实训装置控制柜

在 DCS 流程图上不同颜色的线条代表着不同的介质，红色代表油，灰色代表氢气、低分气或富气，蓝色代表燃料气，绿色代表水，黄色代表氮气。

DCS 流程图的偏左上部位有 6 个按钮，为"考核开始、考核结束、开工完成、故障处理完成、停车开始、故障汇报"。这些模块的设计一般是在装置比赛时采用的操作流程，首先点击"考核开始"内外操配合进行开工操作；开工结束，点击"开工完成"，进入工艺参数稳定时间；当系统触发事故时，判断事故，并点击"故障汇报"，继而进行故障处理；当系统恢复正常后点击"故障处理完成"按钮。接下来进行装置停车，点击"停车开始"进行停车操作，停车完毕后点击"考核结束"按钮，完成考核。裁判人员可以通过权限看到考核成绩。

指标项设置表（图 3-4）中是整套装置进行操作时的扣分点，包括分馏塔底温度TIC116、反应进料温度 TIC102、床层温度 TIC106、高分压力 PIC106、低分压力PIC107、高分液位 LIC103、低分液位 LIC105、分离塔釜液位 LIC107、氢油比、回流罐液位 LIC108、原料进料量 FIC101、原料罐压力 PIC113、新氢缓冲罐压力 PIC101、反应器一层温度 TIC104、反应器三层温度 TIC108、反应器四层温度 TIC110。

每次装置开工只设置一个事故，在开工之前由裁判进行设定。四个事故的触发都伴随着系统的某些指标的变化，确定事故后按照事故处理操作规程进行处理。

分数设置包括分数设置项及分值，在考核结束后可以指导学员了解自己的操作成绩，对操作进行指导。

阀门显示页面可以看到阀门的开关状态，裁判可以及时发现现场问题，对及时恢复现场阀门状态非常有帮助。如图 3-5～图 3-7 所示。

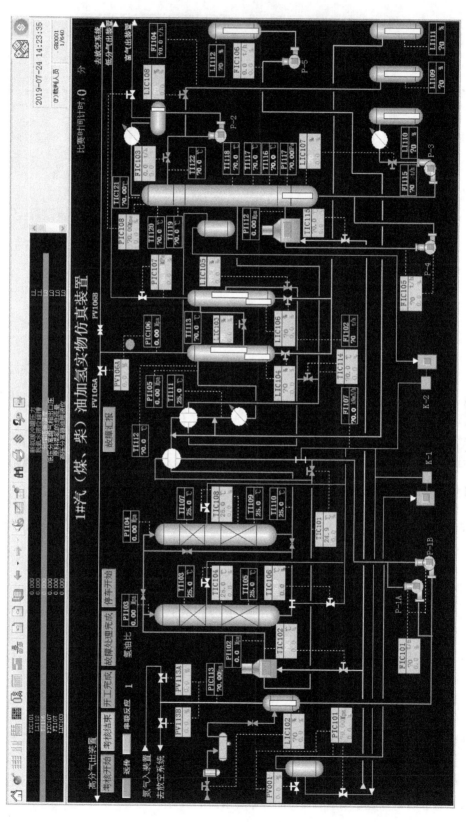

图 3-3 加氢实训装置 DCS 界面

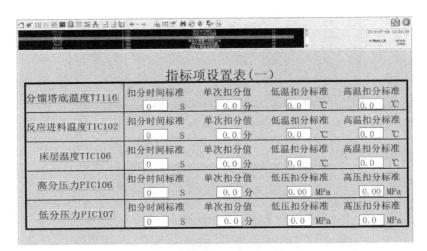

(a)

(b)

(c)

图 3-4　指标项设置表

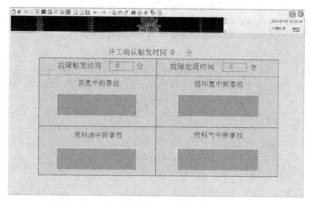

图 3-5　事故列表

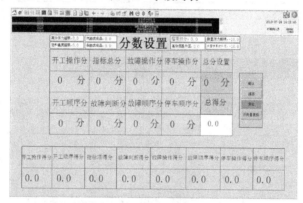

图 3-6　分数设置表单

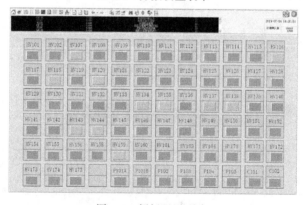

图 3-7　阀门显示列表

三、安全仪表系统

　　本实训装置采用替代物料模拟运行，分别用水替代工业上液相物料，用空气替代工业上氢气；另外，所测量的仪表信号采用按比例扩大的方式，故采用本装置进行实训操作是非常安全的，不需要进行安全仪表系统的设计。以下内容是现代炼油企业加氢车间普遍所采用的安全仪表系统的简单介绍。

　　安全仪表系统，简称 SIS，又称为安全联锁系统。它把安全可靠性放在第一位，其安全等级将满足装置的安全等级要求；功能上将同时设置一类紧急联锁停车（装置全面停工）和二类紧急联锁停车（装置局部停工）；将充分考虑系统的完整性、安全可靠性、自动和半自动操作的灵活性、系统维护的安全和方便性，使安全仪表系统既安全又方便操作，保证装置安全和长周期的运行。

根据装置的危险级别，选择相应安全等级的三重化或双重化的系统，完成工艺工程联锁保护及机组控制。重要联锁系统的检测元件或输入信号按"三取二"方式设置。其机柜和操作站均放置于中心控制室，值得说明的是 SIS 是独立于 DCS 系统之外的。为了保证 SIS 系统的高度可靠性，装置的变送器和信号转换类仪表选用本质安全型，配用隔离式安全栅构成本质安全防爆系统；开关类仪表选用防爆等级相当的隔爆型仪表；参与联锁的现场仪表按隔爆仪表设计。

单元五
识读装置 DCS 流程图

按照企业员工日常操作习惯，本实训装置真实模拟了实际装置生产过程，如工厂开停车工况（针对不同层次的学员，设置了不同的开工工况，有针对性地对学员进行培训）、正常运行工况（系统运行至稳态，此时重点关注各关键指标，做到与企业实际生产的指标一致）和各种事故工况。对于仪表工程师主要学习画面调整、故障的分析与应对、发生事故后的恢复等；对于工艺工程师则是对各工艺参数的优化选择，工艺变量的分析，提高产品质量、节能降耗等各种技术措施的正确运用等。因此认识本装置 DCS 控制界面十分必要。仿 DCS 流程图画面如图 3-8～图 3-25 所示。

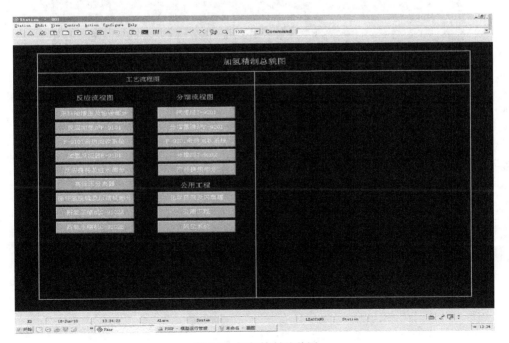

图 3-8 加氢精制总貌图

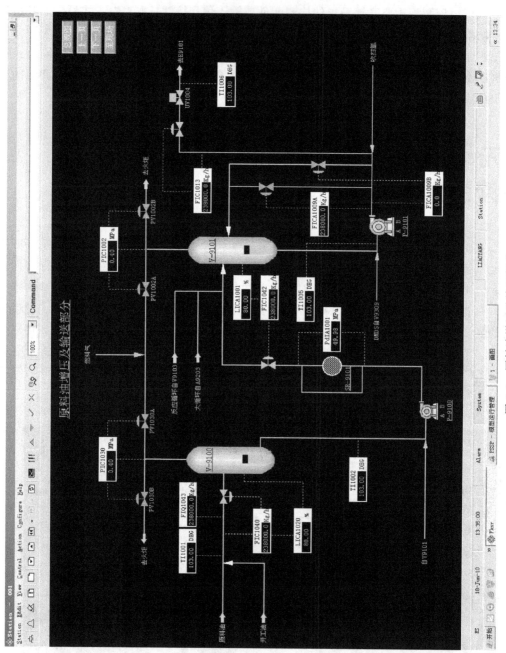

图 3-9　原料油增压及输送部分

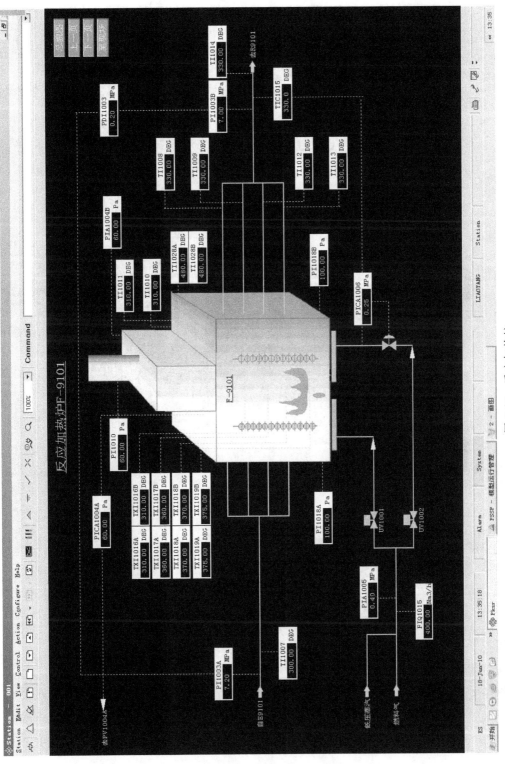

图 3-10　反应加热炉

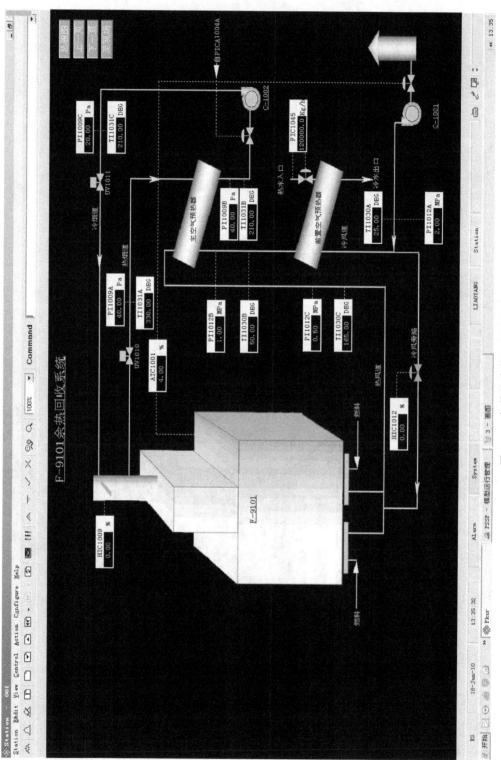

图 3-11 加热炉余热回收系统

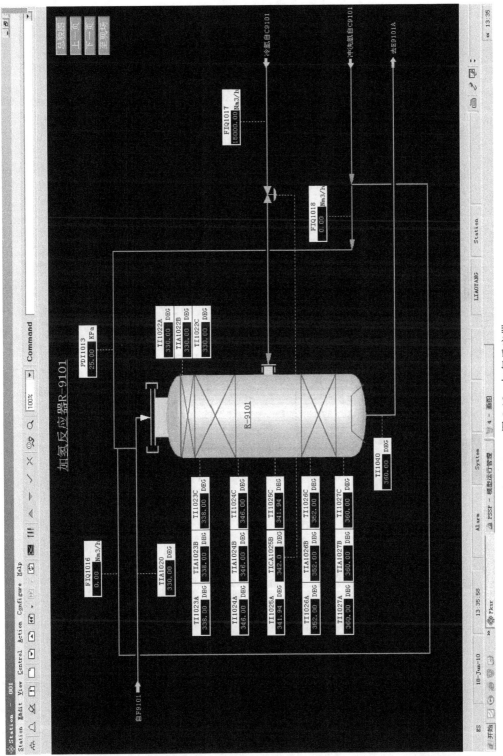

图 3-12 加氢反应器

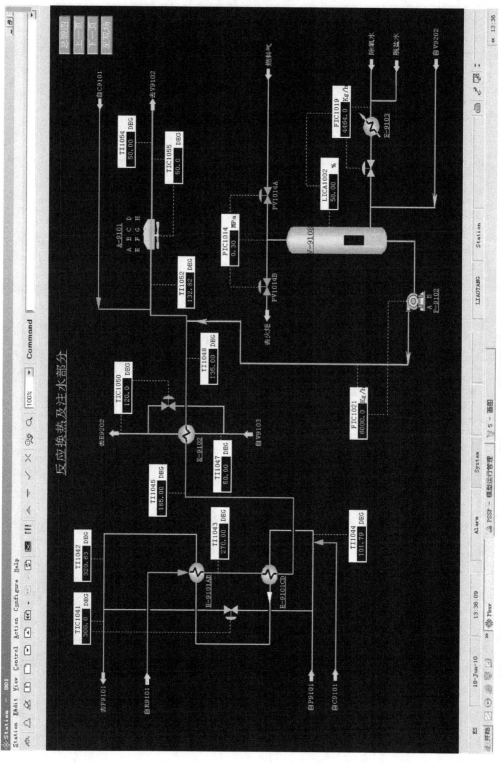

图 3-13 反应换热及注水部分

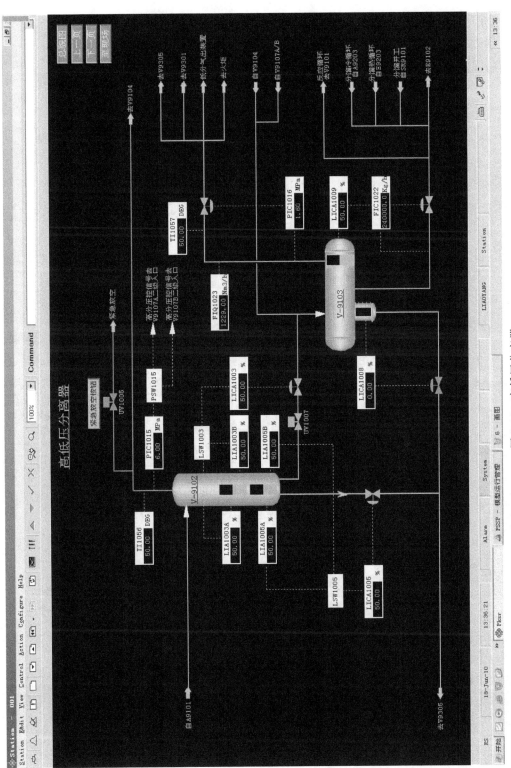

图 3-14　高低压分离器

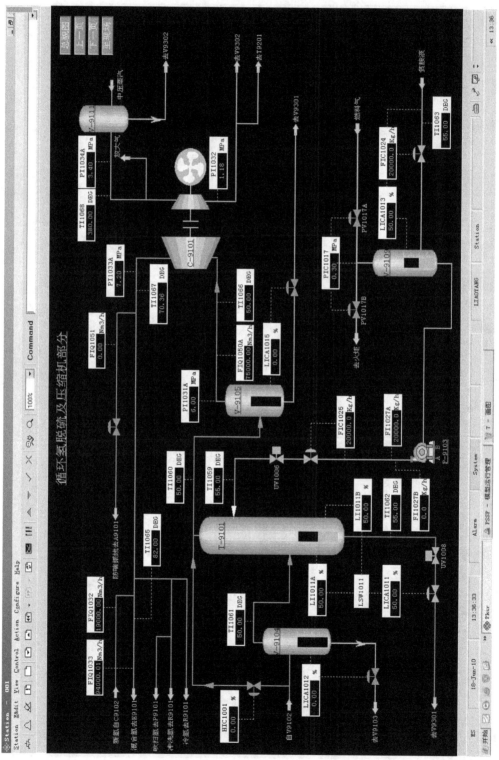

图 3-15 循环氢脱硫及压缩机部分

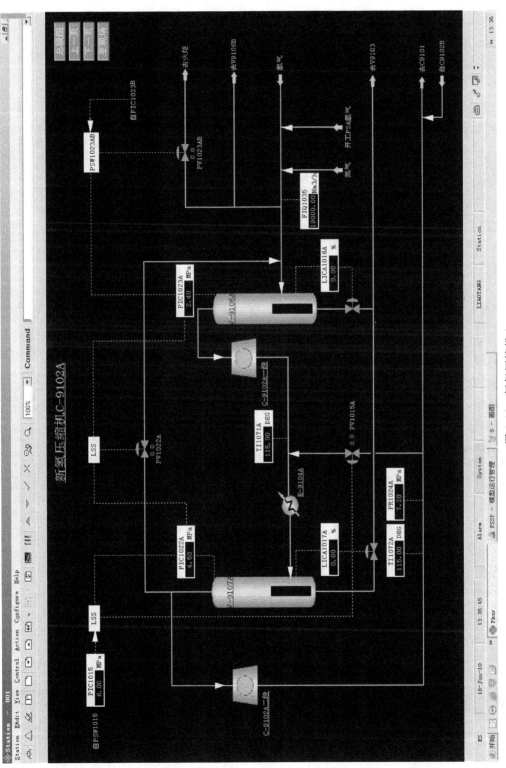

图 3-16 新氢压缩机 1

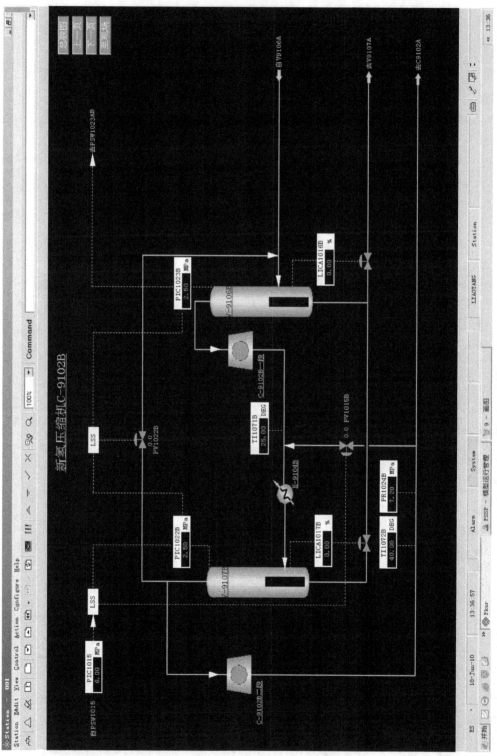

图 3-17　新氢压缩机 2

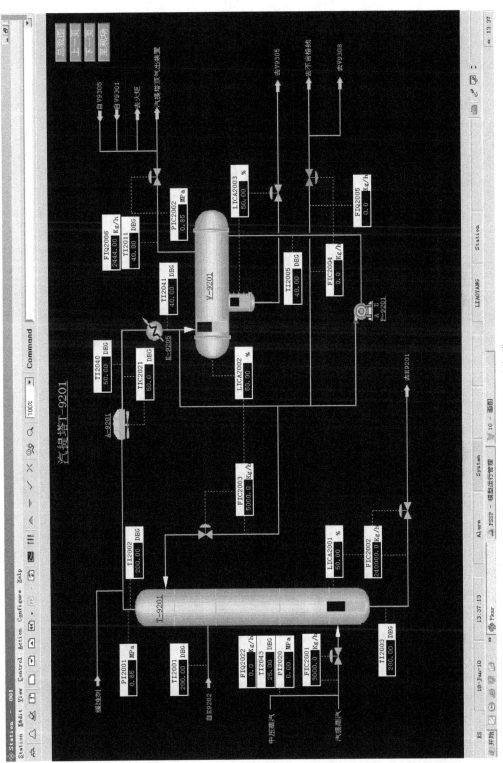

图 3-18 汽提塔

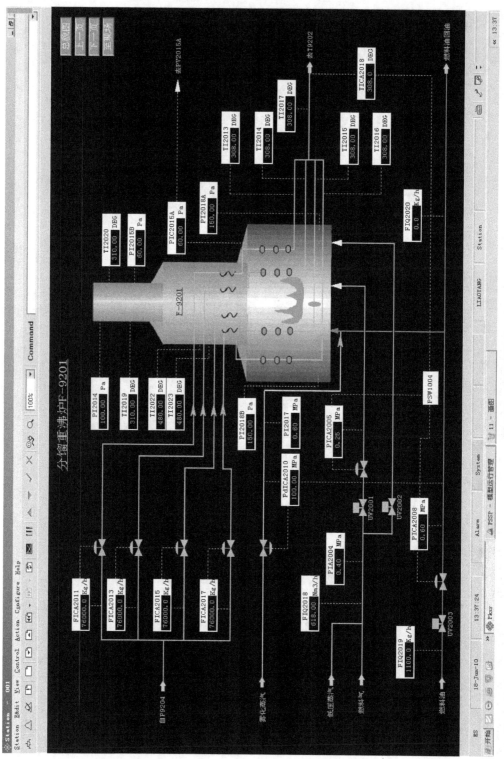

图 3-19　分馏重沸炉

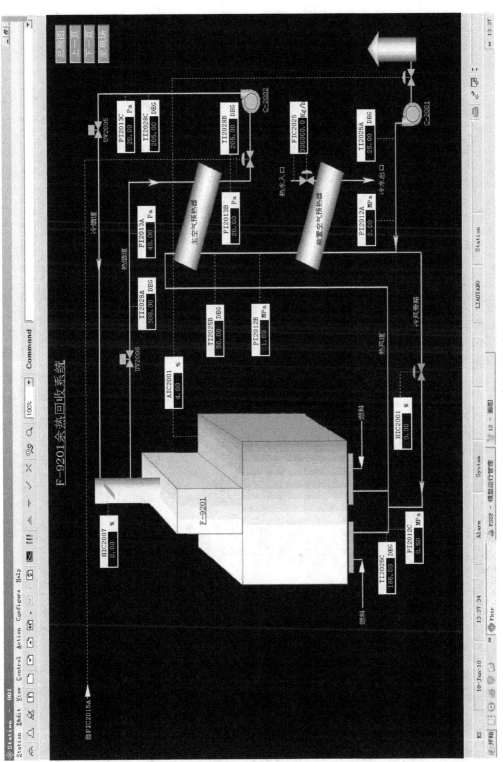

图 3-20　余热回收系统

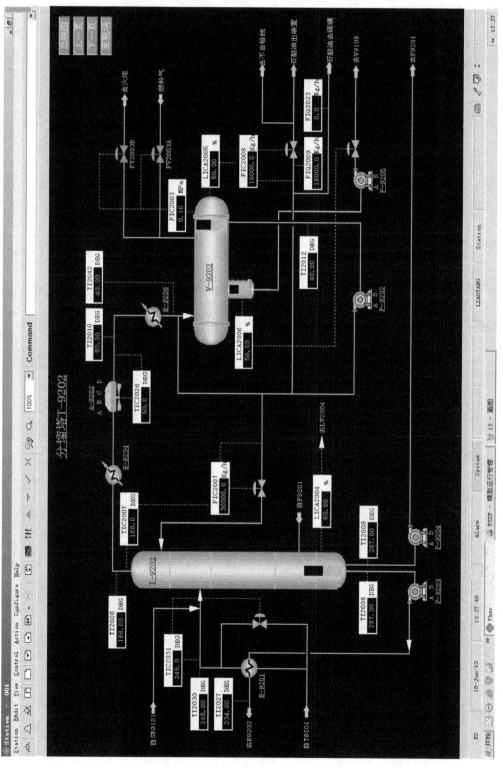

图 3-21　分馏塔

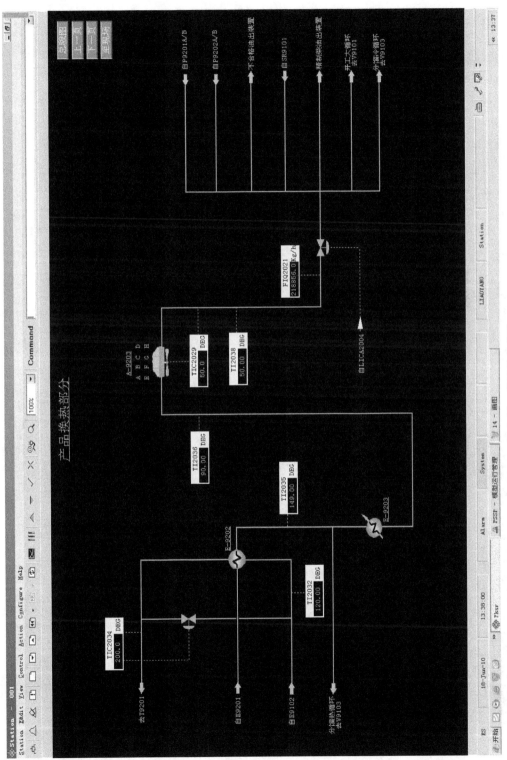

图 3-22 产品换热部分

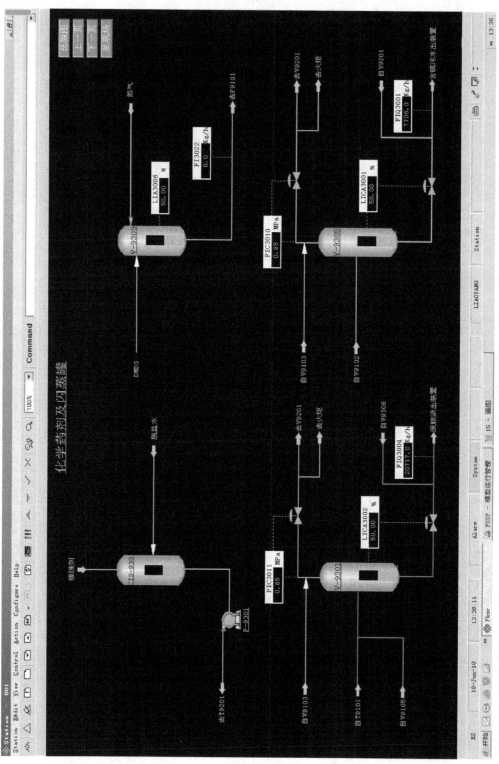

图 3-23　化学药剂及闪蒸罐

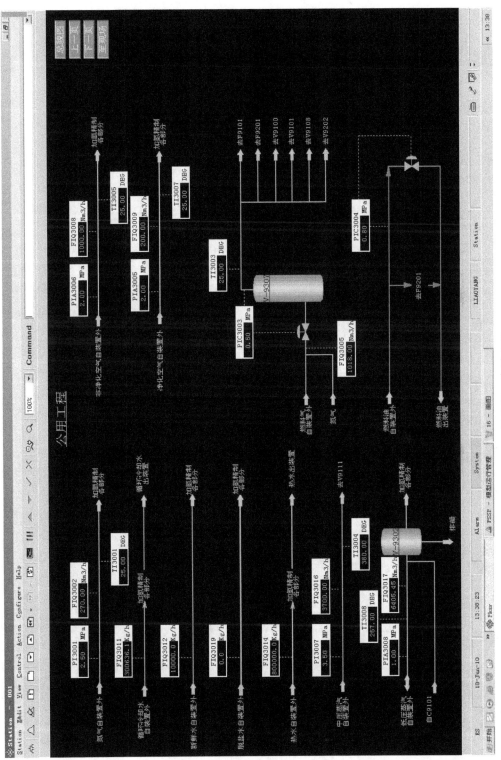

图 3-24　公用工程

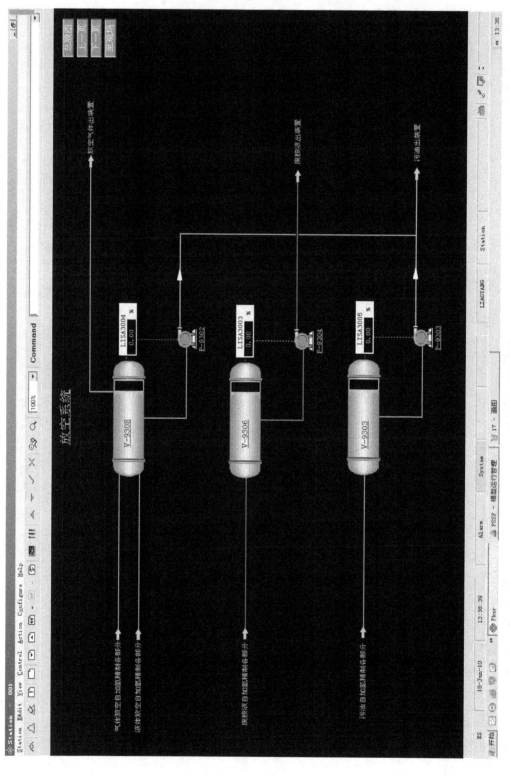

图 3-25 放空系统

习题与
思考

1.说出下列英文字母代表的设备类型：A、V、E、C、F、R、P、T。

2.加氢装置中的主要控制要点有哪些?

3.什么是SIS安全仪表系统?

模块四

实训装置开停工操作

任务目标　1. 知识目标

掌握装置开停工步骤；

熟悉开停工操作的考核规则。

2. 能力目标

能按照操作步骤进行装置的开停工操作；

能列举出加氢装置生产过程的操作要点并进行操作参数的正确调节。

3. 素质目标

培养学生团队协作、团队互助等意识；

培养学生依照岗位操作法规范自己行为的意识和习惯。

教学条件 》

汽柴油加氢实物仿真实训室或企业加氢车间，或安装有汽柴油加氢仿真软件的机房。

教学环节 》

在熟悉并掌握装置主要控制要点及集散控制系统操作知识的基础上，学习装置开停工步骤，学习开停工操作技术要点，完成实训任务。

教学要求 》

根据教学目标，按开车顺序检查流程，能进行装置的开停工操作，掌握加氢装置生产过程的操作要点并能够进行操作参数的正确调节。

开停工是学习实训装置的第一阶段，开停工是最能锻炼人的。要注意开车、停车的顺序、联锁，认真学习操作要点和关键的控制要点。做到即使在中控也知道现场的情况布置，方便内外操协作。

单元一 开工操作

一、按流程检查

本实训练习要分组分工进行。工艺、设备、仪表、安全环保设施、隐蔽工程等专业检查要求列出清单、设定专人负责，检查完毕后进行签字确认。

1. 检查装置状态达到开工条件

准备好各种操作记录；
准备好操作规程；
开工方案责任分工明确。

2. 检查软化水系统

检查软化水液面是否大于60%，确保满足一个运行周期的用量。

3. 检查设备

设备及其附属系统安装完毕；
设备及其附属系统部件完整；
仪表系统正常；
安全阀安装齐全，符合要求；
压力表安装齐全，符合要求；
液面计安装齐全，符合要求；
劳动保护设施完好；
装置现场清理干净，无杂物。

4. 检查工艺流程

工艺管线法兰连接完毕；
工艺管线连接处垫片齐全；
工艺管线连接处垫片安装符合要求；
工艺管线连接处螺栓齐全；
阀门安装方向正确；
工艺管线上的压力表齐全；
工艺管线上的温度计齐全；
工艺管线上的热偶齐全；
工艺管线上的采样口部件齐全；

工艺流程完整正确；

管线标识完整正确；

工艺阀门处于关闭状态。

二、引入公用工程系统

1. 系统用电引入系统

DCS 系统上电；

先开启总空开，再开各控制机柜空开；

装置区上电；

先开装置总空开。

2. 系统用水引入系统

各换热器冷却水上水阀打开。

3. 确保仪表空气系统供气正常

① 可进行反应系统氢气置换和气密；

② 转动设备可投用（转动设备投用操作，要内、外操配合完成）；

③ 现场调节阀可投用（调节阀投用操作，要内、外操配合完成）。

三、引低压新氢流程

① 氢气总管→新氢根部阀→PV001→D5→放空。

② 检查新氢缓冲罐放空阀是否好用，打开新氢根部阀、新氢入装置调节阀 PV001 并调节至 PIC101 的示值为 1.0MPa。

四、反应系统 1.0MPa 氢气置换

反应系统氢气置换流程：

D5→K1→E1（管）→F1→R1→R2→E1（壳）→E2（壳）→E3（管）→D1→PV106A→放空系统。

外操——开新氢压缩机入口阀及出口阀。

内操——启动新氢压缩机 K1。

外操——现场转动开机开关，进行压缩机加载。

内操——用阀门 PV106A 控制 D1 顶压力为 0.95～1.05MPa，置换系统 2min。

五、反应系统用 1.0MPa 氢气气密、循环升温

循环流程：

K2→E1（管）→F1→R1→R2→E1（壳）→E2（壳）→E3（管）→D1→D3→K2。

当系统置换合格，且循环氢缓冲罐压力控制在 1.0MPa 时：

外操——开循环氢压缩机入口阀及出口阀。

内操——启动循环氢压缩机 K2。

外操——现场转动开机开关，进行压缩机加载。

六、F1 点火

反应器进料加热炉出口温度升高为 135～150℃。

高分压力逐渐升至 6.6～6.76MPa。

说明：反应器进料加热炉 F1 点火设有保护联锁，需在流量 FIC107＞30kNm³/h（1000 标立方每小时）情况下才能启动。

七、D6 收油

流程：V101→SR1→D19→D6。

操作步骤：

内操——开原料油缓冲罐 D6 进气阀 PV113A 建立气封，并通过 PV113A/B 控制原料油缓冲罐 D6 压力在 0.5MPa 左右。

内操——开调节阀 LV102。

外操——开原料油过滤器 SR1 出口阀 HV108。

外操——开原料油分液罐 D19 出口阀 HV110。

原料油缓冲罐 D6 液位达到 60％，关原料油进料调节阀 LV102。

八、分馏系统油运

1. C1 收油

收油流程：界区收油阀 HV146→C1。

操作步骤：

外操——开阀门 HV146。

外操——完成灌泵操作，当 C1 达 30％ 液位时，开分馏塔重沸炉泵 P4 进口阀 HV134。

内操——启动分馏塔重沸炉泵 P4。

外操——开分馏塔重沸炉泵 P4 出口阀 HV135。

内操——控制 FIC105 在 60t/h 以上。

外操——C1 液位达到 50％ 时，关闭塔收油阀门 HV146。

2. 分馏塔冷油运

流程：C1→P4→F2→C1

　　　　C1→P3→LV107→HV145→C1

外操——开柴油产品泵 P3 进口阀 HV137。

内操——启动柴油产品泵 P3。

外操——开柴油产品泵 P3 出口阀 HV138。

内操——开分馏塔底液位调节阀 LV107（阀开度控制在 40%）。

外操——开分馏塔底循环阀 HV145。

3. 分馏塔热油运

流程：C1→P4→F2→C1

　　　 C1→P3→LV107→HV145→C1

分馏塔底重沸炉 F2 点火升温（说明：重沸炉 F2 点火设有保护联锁，需在流量 FIC105＞60t/h 情况下才能启动）。

分别开冷却水上水阀门 HV132，HV151 投用分馏塔顶后冷却器 E5，柴油产品后冷却器 E10。

4. 分馏塔进行循环升温

当分馏塔顶分液罐 D4 的液位为 50%：

外操——开粗石脑油泵 P2 入口阀 HV139。

内操——开粗石脑油泵 P2。

外操——开粗石脑油泵 P2 出口阀 HV141。

内操——开分馏塔回流阀 TV116，并控制回流流量 FIC103 在 10～20t/h。

5. 装置开工进新鲜原料油

启动原料泵后，投用 LIC103 和 LIC105。

外操——开 E3 冷却水进水阀 HV121。

当反应器进料加热炉 F1 出口温度为 135～150℃，高压分离器的压力为 6.6～6.76MPa（说明：进料泵 P1A/B 设有保护连锁，需在泵的开度为 0 且出口阀全开的情况下才能启动）：

外操——开原料泵 P1A（或 P1B）入口阀 HV112（或 HV114）。

外操——开进料泵 P1A（或 P1B）出口阀 HV113（或 HV115）。

内操——启动进料泵 P1A（或 P1B），控制进料泵出口流量约 120t/h。

反应器进料加热炉 F1 的出口温度提至 280～320℃。

外操——当低分液位达到－50% 时，关闭分馏塔底循环阀 HV145，改短循环流程为正常进料流程。

通过调节阀 PV112 控制分馏塔 C1 的塔底温度 TIC115 为 290～300℃。

控制好原料油缓冲罐 D6 液面为 50%。

控制好分馏塔 C1 液面 50%。

加氢反应器 R1 的入口温度调节至 300℃。

通过冷氢调节阀 TV104/TV106/TV108 控制反应器各床层温度在指标范围内。

（说明：高压注水泵 P5 设有保护联锁，需在泵的开度为 0 且出口阀全开的情况下才能启动）

外操——开始注水前，打通 LIC104、LIC106 去污水罐 V112 流程同时打开 D8、

V112 顶排空阀。

外操——开高压注水泵 P5 入口阀 HV148。

外操——开注水泵 P5 出口阀 HV150。

内操——开高压注水泵 P5。

内操——调节 LIC104、LIC106，控制 D1、D2 界面为 40%～60%。

外操——当分馏塔顶分液罐 D4 液位为 50%±5%，且分馏塔顶温度及分馏塔系统运行稳定时，开 HV129、HV131，同时打开该罐顶排空阀，打通汽油去成品罐的流程。

内操——开调节阀 LV108，控制 D4 液面稳定。

内操——汽油储罐 V109 收产品。

外操——当分馏塔 C1 液位为 50%±5%，且分馏塔底温度及分馏塔系统运行稳定时，打开柴油储罐入口阀 HV147，同时打开该罐顶排空阀。

内操——柴油储罐收产品。

（注意：当分馏塔 C1 液位达到 60%，且不满足柴油储罐收产品时，应开长循环阀 HV111 进行长循环操作）

调整操作条件至指标范围内。

装置开车成功。

调整各项指标至正常值。

九、开工操作评价

具体的开工操作评价见表 4-1。

表 4-1 开工操作评价表

考核内容	考核规则	分值
引低压新氢	PIC101＝0.95～1.05MPa	1.5 分
启动新氢压缩机	K1 DI＝ON	1.5 分
启动循环氢压缩机	K2 DI＝ON	1.5 分
置换系统	PIC106＝0.95～1.05MPa 保持 2min 以上	1.5 分
F1 点火	H101DI＝ON	1.5 分
F1 升温	TIC102＝135～150℃	1.5 分
反应系统升压	PIC106＝6.4～6.6MPa	1.5 分
原料油缓冲罐收油	LIC102＝40%～60%	1.5 分
分馏塔(C1)收油	LIC107＝50%～60%	1.5 分
分馏塔冷油运	开 P4	1.5 分
F2 点火	P4 运转正常后 F2 点火 H107DI＝ON	1.5 分

续表

考核内容	考核规则	分值
分馏塔热油运	开 P3 短循环,回流罐液面上涨后开 P2 TIC115＞250℃	1.5分
反应器(入口)提温	TIC102＝280～320℃	1.5分
进新鲜原料油	TIC102＝280～320℃;PIC106＝6.4～6.6MPa P1A/B＝ON	1.5分
高分建立油位	LIC103＝40％～60％	1.5分
低分建立油位	LIC105＝40％～60％	1.5分
注入软化水	开高压注水泵入口阀 HV148,开高压注水泵 P5, 开高压注水泵出口阀 HV150	1.5分
建立长循环	(低分向分馏塔减油,塔底液面上涨后改长循环)HV111＝ON	1.5分
汽油储罐收产品	(塔顶温度达到指标并且稳定后)LV108 打开	1.5分
柴油储罐收产品	(塔底温度达到指标并且稳定后)LV107 打开	1.5分

单元 二
实训装置停工

为了使停工平稳有序进行,停工前与相关岗位确认停工用的公用工程系统供应正常,准备好停工过程中所用的工具及各种方案。

一、停工操作

关原料油进料调节阀 LV102,原料缓冲罐 D6 停收原料油。

1. 装置改长循环

长循环流程：D6→P1→E1（管层）→R1→R2→E1（壳程）→E2(壳程)→E3（管程）→D1→D2→E2(管程)→C1→P3→E10→D6。

2. 降温降量

反应炉出口温度降至 280℃。
反应进料量降至 90t/h。
分馏塔重沸炉降至 200℃,分馏塔底重沸炉 F2 熄火。

3. 热氢带油

停止向原料油缓冲罐 D6 进油。

提高反应器进料加热炉 F1 的出口温度为 350℃。

反应系统进行热氢带油循环，循环流程为：K2→E1(管)→F1→R1→E1(壳)→E2 (壳)→E3(管)→D1→D3→K2。

当 D6 液位为 20％时，停进料泵 P1A（B）；

关进料泵 P1A（B）出口阀 HV113（HV115）；

关进料泵 P1A（B）入口阀 HV112（HV114）。

停高压注水泵 P5；

关高压注水泵 P5 出口阀 HV150；

关高压注水泵 P5 入口阀 HV148。

当高压分离器的液位不上涨，高分液控阀逐渐关小至全关，则热氢带油结束。

4. 降温降压

F1 出口＜150℃，关闭 PV102，F1 熄火。

5. 高低分减油

打开高分液控阀 LV103，高分内存油切入低分（高分液位控制在 15％以下）。

关闭高分液控阀 LV103。

关闭高分液控阀前手阀 HV122、后手阀 HV123。

6. 低分油减至塔

打开低压分离器液控阀 LV105，低压分离器内存油切入分馏塔（低分液位控制在 15％以下）。

开高压分离器界位出口阀 LV104。

开低压分离器界位出口阀 LV106。

高分界位控制在 15％以下。

低分界位控制在 15％以下。

7. 停压缩机，系统泄压

关闭三回一控制阀 PV101。

关闭新氢入装置界区阀。

停新氢压缩机 K1，关新氢压缩机入口阀 HV103 及出口阀 HV104。

反应物进料加热炉 F1 出口温度降至 150℃时，停循环氢压缩机 K2，关循环氢压缩机入口阀 HV106 及出口阀 HV105。

打开高分压力控制阀 PV106B。

D5 压力泄至微正压。

关闭 PV106B 控制阀。

8. 分馏系统退油

D4 液位＜15％时，关闭粗石脑油泵 P2 出口阀 HV141。

停粗石脑油泵 P2。

关闭粗石脑油泵 P2 入口阀 HV139。

当分馏塔 C1 底温度小于 150℃时，关塔底重沸炉泵 P4 出口阀 V135。

停塔底重沸炉泵 P4。

关塔底重沸炉泵 P4 入口阀 V134。

停 E5 冷却水进口阀 HV132。

打开柴油出装置阀 HV141。

C1 液位 LIC107＜15％时，关闭柴油产品泵出口阀 HV138。

停柴油产品泵 P3。

关闭柴油产品泵入口阀 HV137。

关 E3、E10 冷却水阀 HV121、HV151。

打开各装置排污阀。

油排净后关闭排污阀。

二、停工操作评价

具体的停工操作评价见表 4-2。

表 4-2　停工操作评价表

考核内容	考核规则	分值
停止原料油缓冲罐进油	原料油缓冲罐液位调节 LV102＝0	0.5 分
F1 降温至 280℃	降温过程给定温度，F1≠OFF	0.5 分
降进料至 90t 后停 P1	P1A/B＝OFF，HV112/114＝OFF，HV113/115＝OFF　变频器开度 ACF1＝0	0.5 分
反应器带油结束后 F1 熄火	TIC102＜150℃	0.5 分
停止循环氢压缩机 K2	K2＝OFF	0.5 分
停止新鲜氢压缩机 K1（减油后停机）	K1＝OFF	0.5 分
停止注水泵 P5	P5＝OFF　变频器开度 ACF3＝0	0.5 分
高分液位 LIC103＜15％	LIC103＜15％；阀门开度 LV103＝0	0.5 分
低分液位 LIC105＜15％	LIC105＜15％；阀门开度 LV105＝0	0.5 分
高分界位 LIC104＜15％	LIC104＜15％；阀门开度 LV104＝0	0.5 分
低分界位 LIC106＜15％	LIC106＜15％；阀门开度 LV106＝0	0.5 分
低分减油结束后塔降温至 150℃以下 F2 熄火	F-2＝OFF；H107 开度为 0	0.5 分

续表

考核内容	考核规则	分值
分馏塔底液位 LIC107＜15％	LIC107＜15％；阀门开度 LV107＝0	0.5分
回流罐液位 LIC108＜15％	LIC108＜15％；阀门开度 LV108＝0	0.5分
停止 P2 泵	P2＝OFF	0.5分
停止 P3 泵	P3＝OFF	0.5分
停止 P4 泵	P4＝OFF；ACF2 变频器开度为 0	0.5分
关闭 E3 冷却水阀	HV121＝OFF	0.5分
关闭 E10 冷却水阀	HV151＝OFF	0.5分
关闭 E5 冷却水阀	HV132＝OFF	0.5分

单元三
识读加氢仿真 PI 图

带控制点工艺流程图（又叫 PI 图），将所有的仪表及控制回路、设备主要指标及工艺管道标记在图上。PI 图较全面地反映了特定的化工生产过程。

一、带控制点工艺流程图的内容

① 工艺设备一览表所列设备。

② 所有的工艺管道，包括阀门、管件、管道附件等，并标注出所有的管段号及管径、管材、保温情况等。

③ 标注出所有的检测仪表、调节控制系统、分析取样系统。

④ 在带控制点工艺流程图中对成套设备或机组以双点划线框图表示制造厂的供货范围，仅注明外围与之配套的设备、管线衔接关系。

⑤ 对于在工艺中有特殊要求的要在带控制点工艺流程图中表示。

⑥ 对于管道代号、图例、管线编号说明、物料代号、设备位号、装置代号、仪表功能字母及被测变量代号等需附注或说明。

⑦ 图签：包括设计单位名称、工程项目名称、设计阶段、设计项目、专业、比例、图名等。

二、识读加氢实训装置仿真 PI 图

加氢实训装置仿真 PI 图具体见图 4-1～图 4-22。

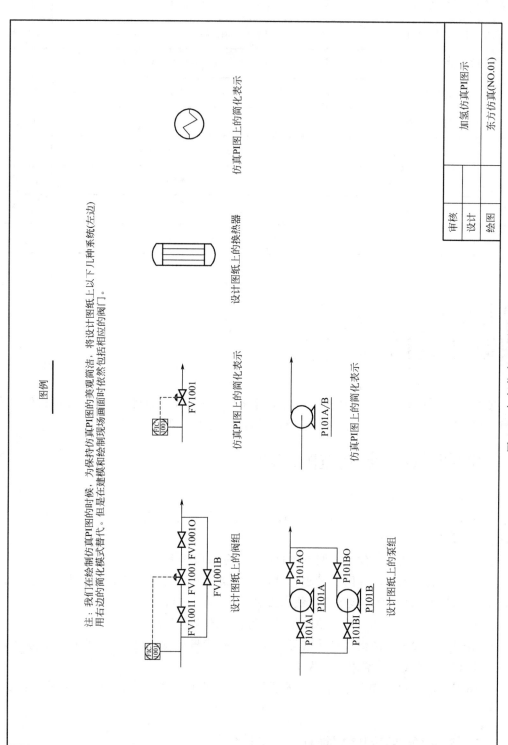

图 4-1　加氢仿真 PI 图示

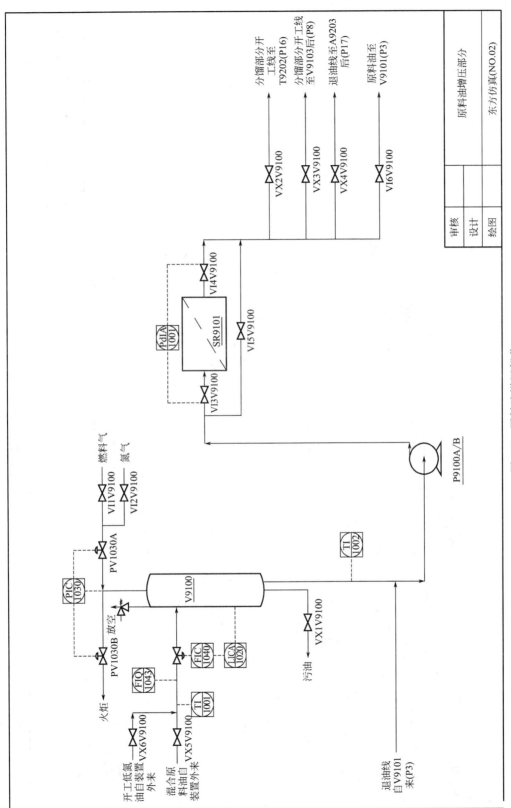

图 4-2　原料油增压部分

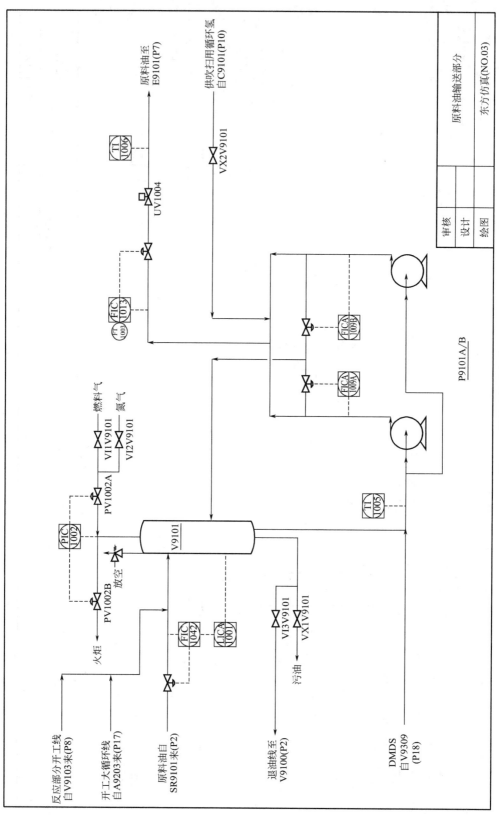

图 4-3　原料油输送部分

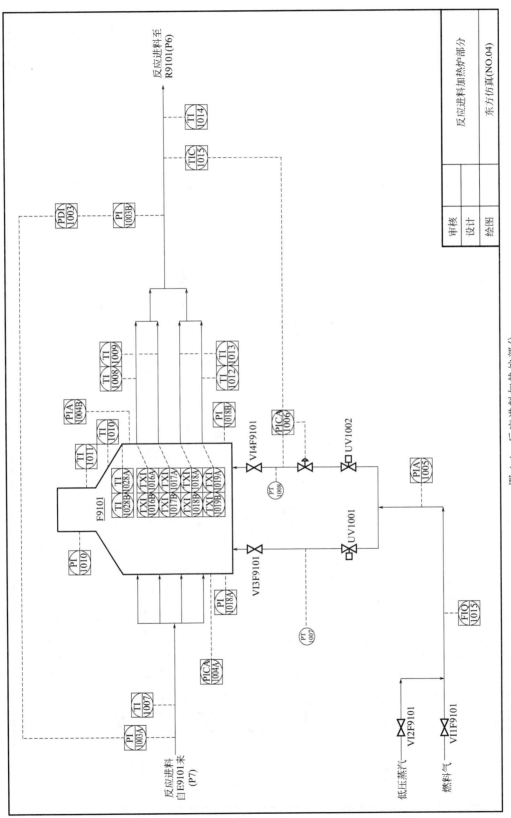

图 4-4 反应进料加热炉部分

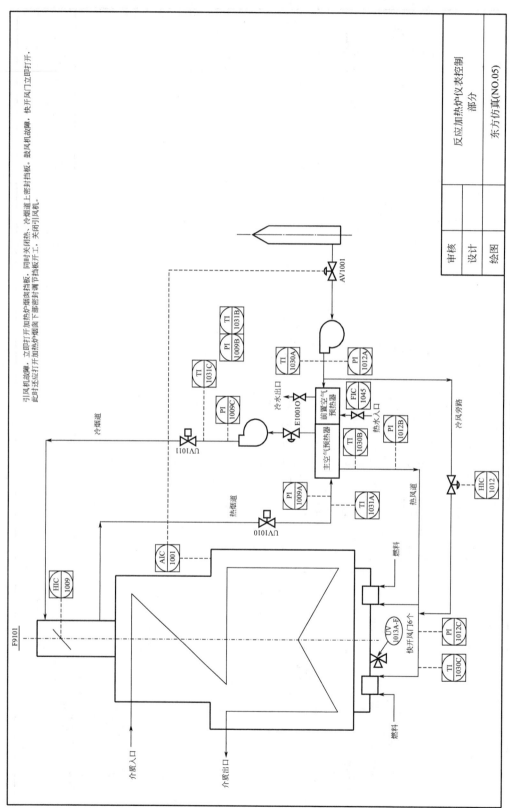

图 4-5　反应加热炉仪表控制部分

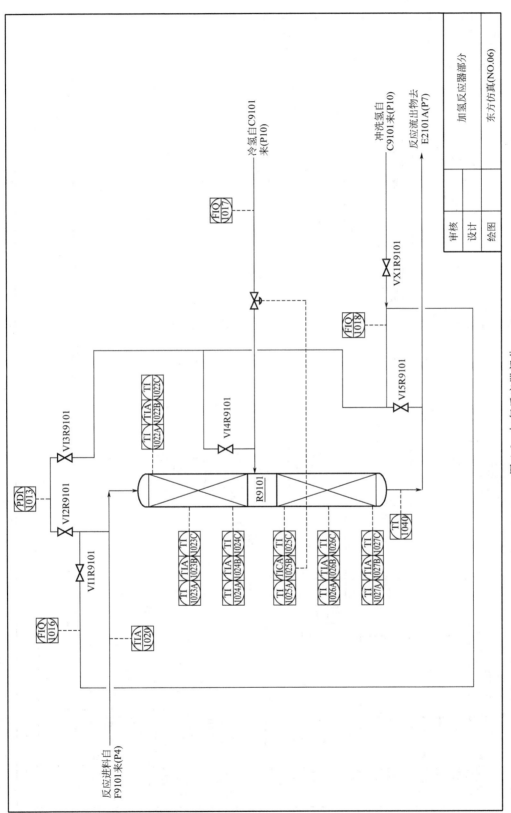

图 4-6 加氢反应器部分

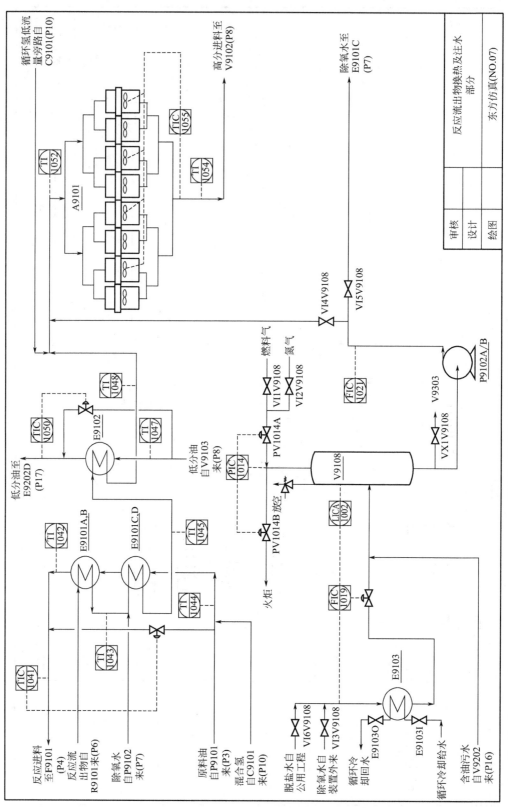

图 4-7 反应流出物换热及注水部分

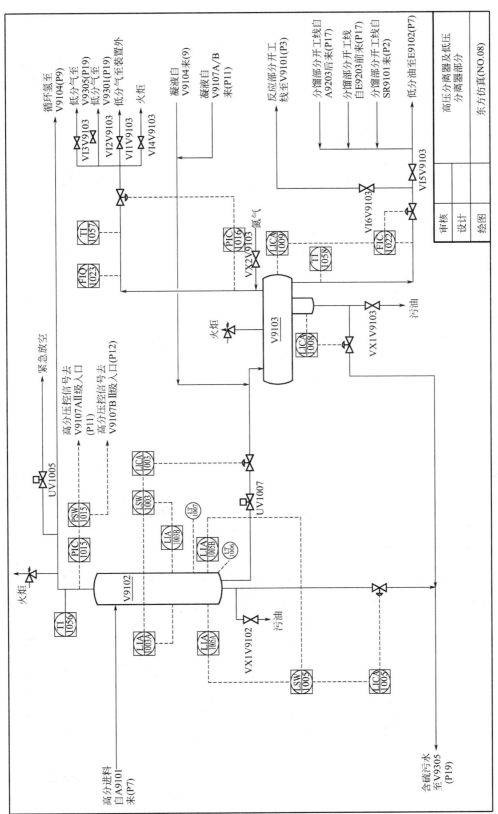

图 4-8　高压分离器及低压分离器部分

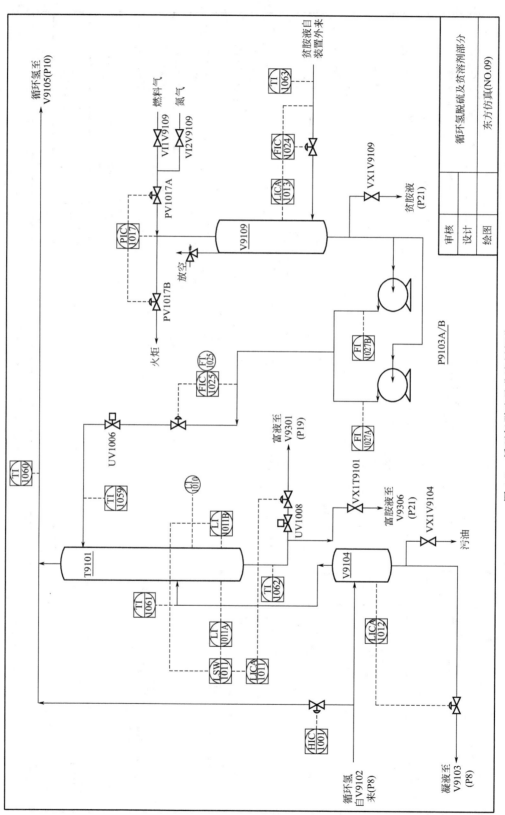

图 4-9 循环氢脱硫及贫溶剂部分

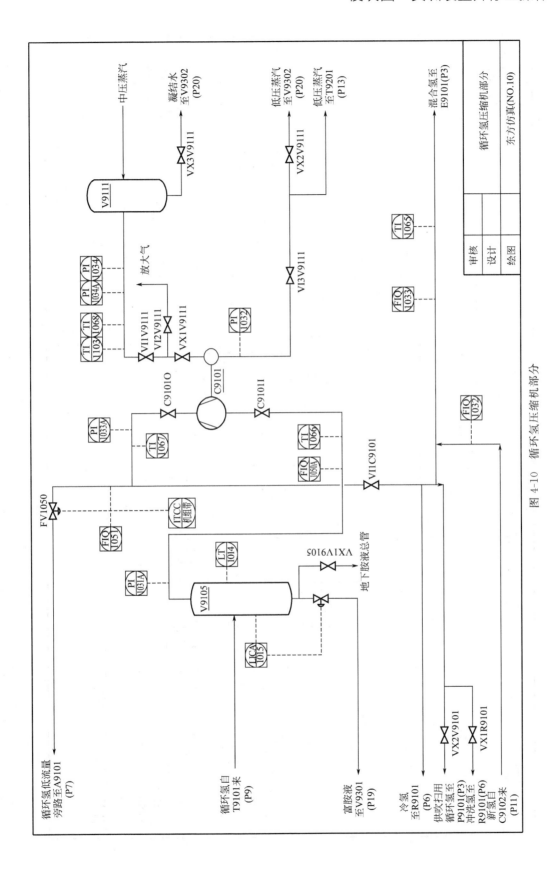

图 4-10　循环氢压缩机部分

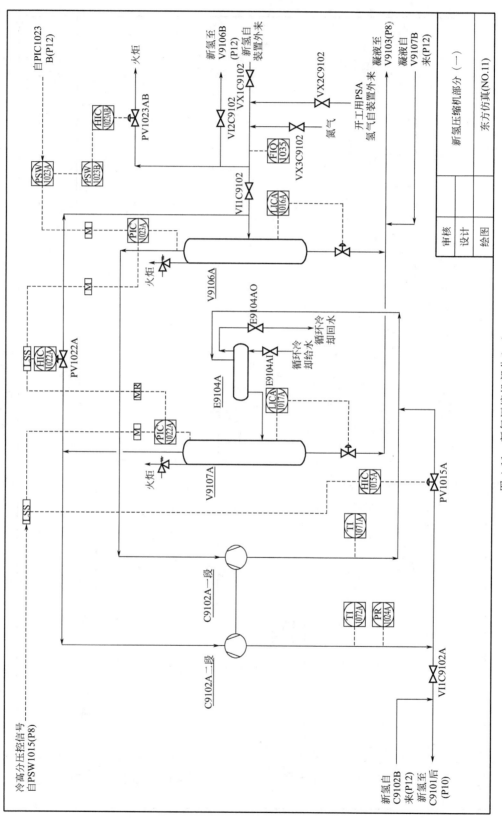

图 4-11 新氢压缩机部分（一）

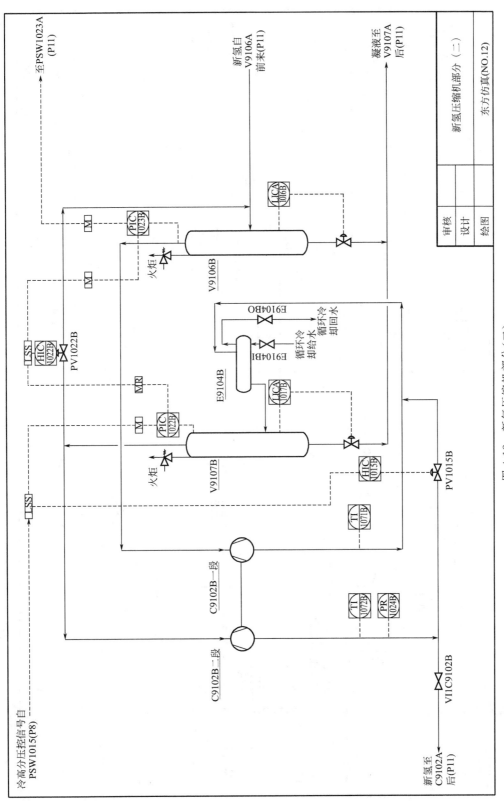

图 4-12 新氢压缩机部分（二）

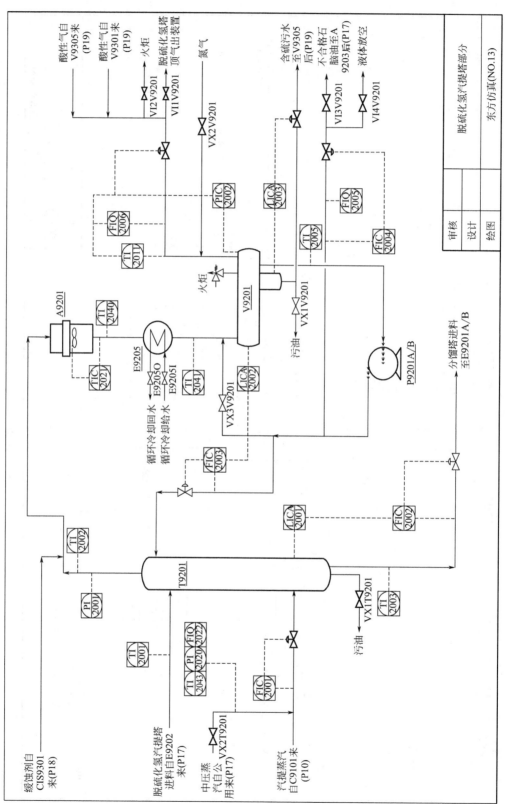

图 4-13　脱硫化氢汽提塔部分

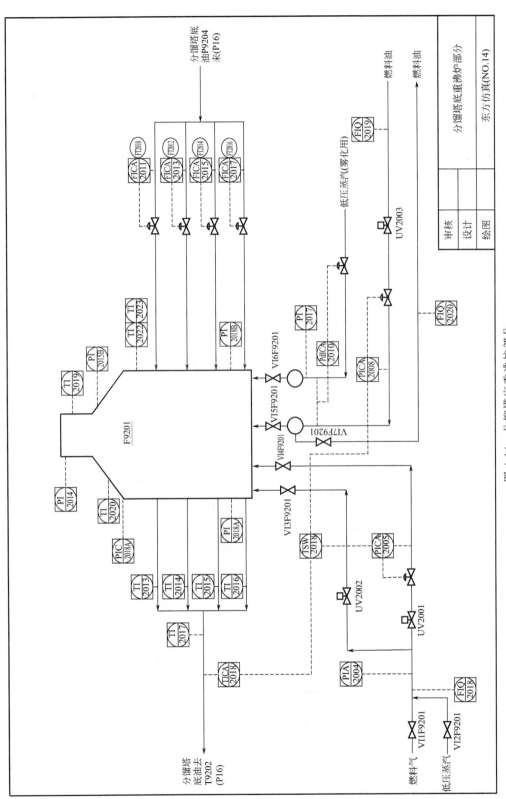

图 4-14 分馏塔底重沸炉部分

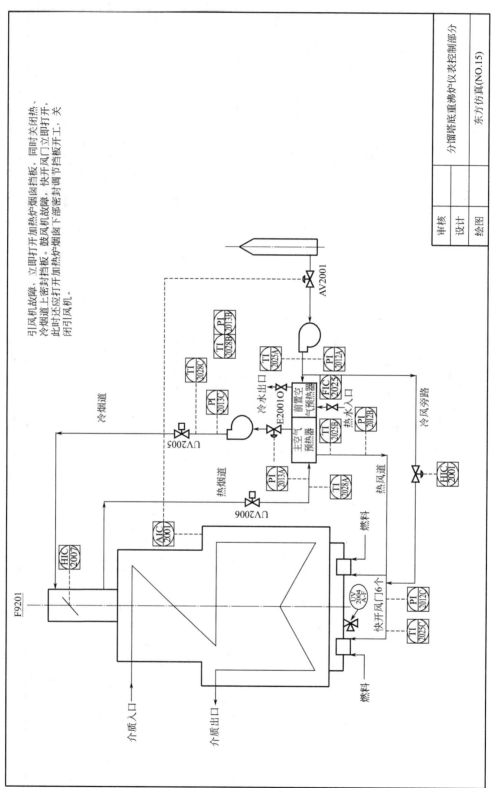

图 4-15 分馏塔底重沸炉炉仪表控制部分

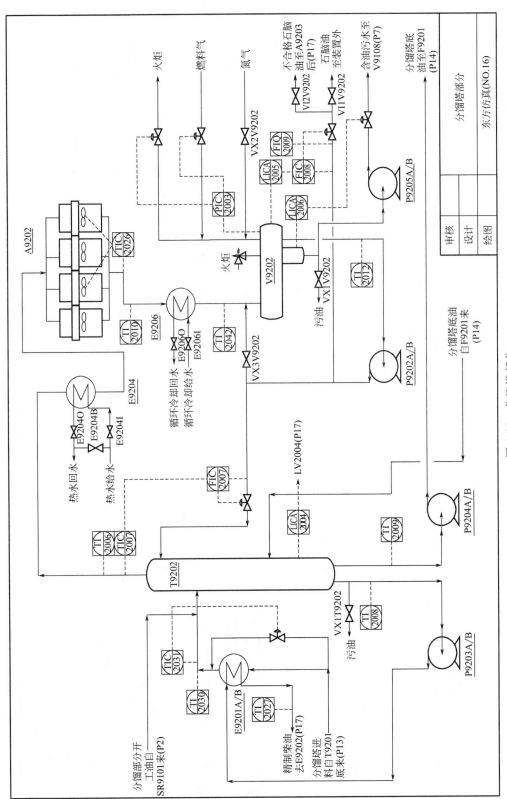

图 4-16 分馏塔部分

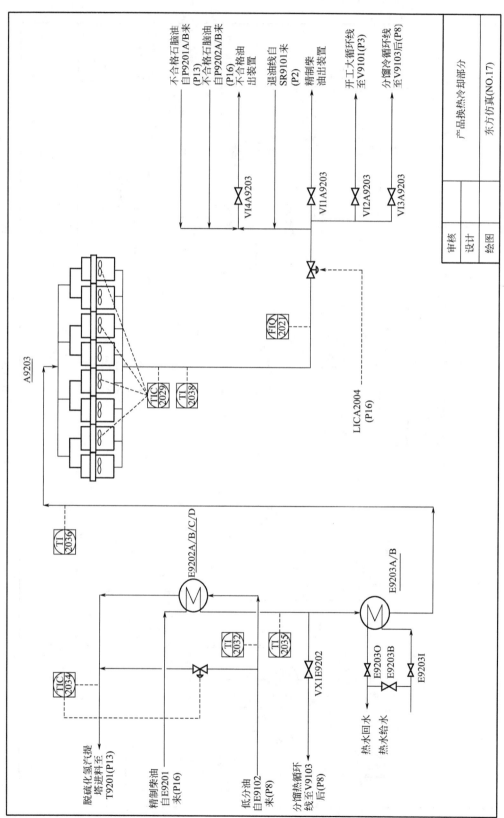

图 4-17 产品换热冷却部分

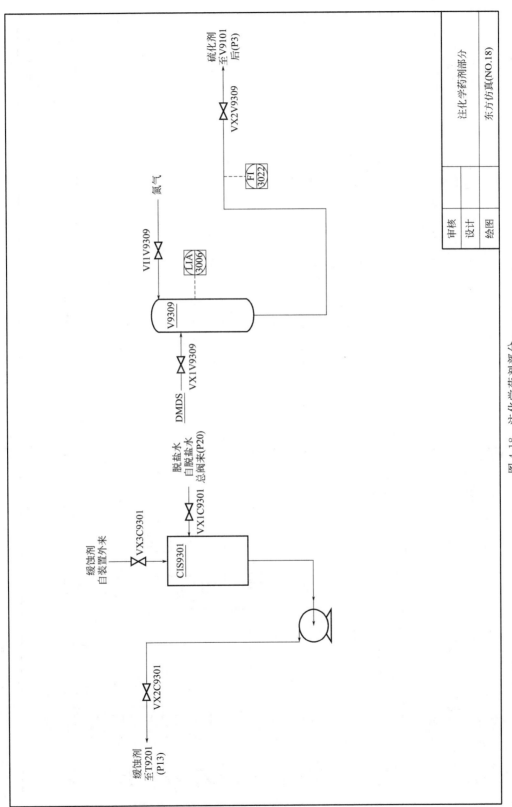

图 4-18　注化学药剂部分

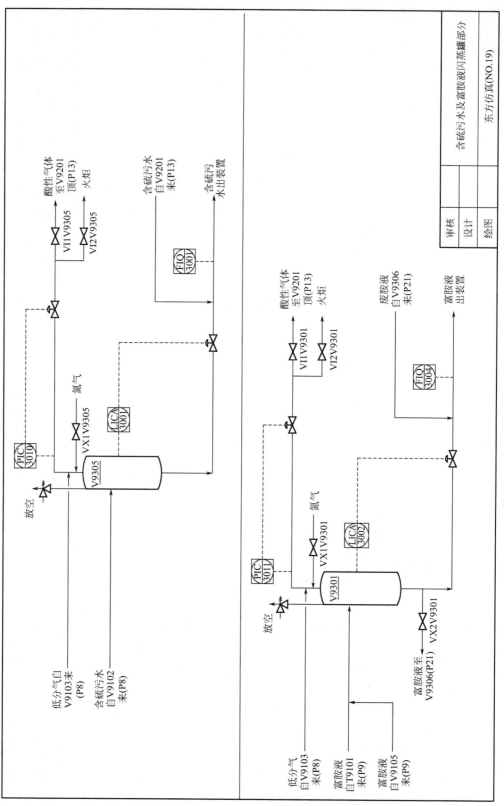

图 4-19　含硫污水及富胺液闪蒸罐部分

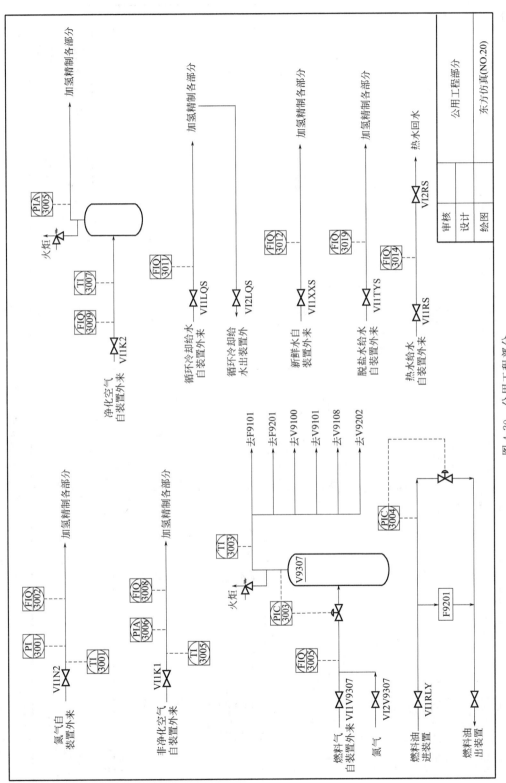

图 4-20 公用工程部分

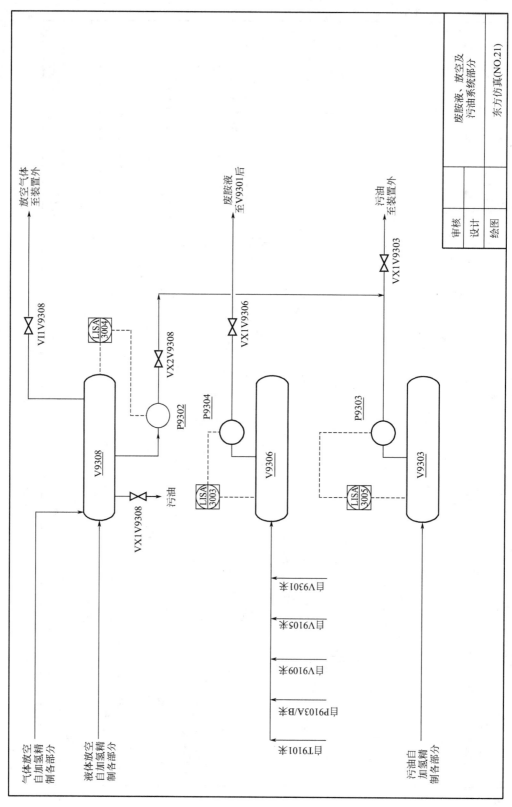

图 4-21 废胺液、放空及污油系统部分

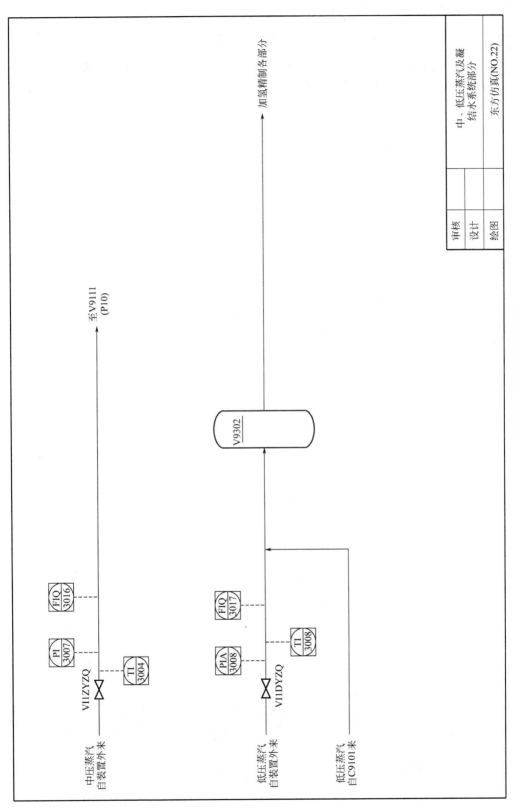

图 4-22　中、低压蒸汽及凝结水系统部分

习题与
思考

1. 尝试描述加氢仿真装置开车步骤及操作要点。

2. 尝试描述加氢仿真装置停车步骤及操作要点。

3. 分馏操作过程中，如果发现馏分头部轻，表现为闪点低，初馏点低，说明前一馏分未充分蒸出，将影响馏分的质量及上一馏分的收率。此时应如何进行调节？

模块五

事故处理操作

任务目标
1. 知识目标
了解加氢裂化装置事故处理原则；
熟知加氢装置典型事故发生的现象及处理措施。
2. 能力目标
初步具备判定事故发生、并能够提出应对措施的能力。
3. 素质目标
培养学生团队协作、团队互助等意识；
培养学生依照岗位操作法规范自己行为的意识和习惯。

教学条件 》

汽柴油加氢实物仿真实训室或企业加氢车间，或安装有汽柴油加氢仿真软件的机房。

教学环节 》

在掌握加氢装置生产过程的操作要点并能够进行装置开停工操作的基础上，学习加氢裂化装置事故处理原则，学习加氢装置典型事故发生的现象及处理措施，完成实训任务。

教学要求 》

根据教学目标，能识读联锁逻辑图，在进行装置开停工操作的基础上，判断并初步学会处理典型事故，并能够提出应对技术措施。

一旦发生事故，首先对人员和设备采取紧急保护措施，并尽可能以接近正常停工的操作步骤进行停工。若发生设备事故或操作异常被迫停工时，注意降温过程中对催化剂的保护。

单元一
事故处理原则

一、一般紧急停工步骤

加氢裂化装置是在高温、高压、临氢状态下运转的，生产条件较为苛刻，影响生产平稳操作的因素很多，所以操作人员在操作过程中必须认真严谨，时刻关注各参数变化。当出现异常情况的时候，要及时找出原因，采取有效措施把事故消灭在萌芽状态。在大多数事故状态下，需要采取两种措施，第一种措施是立即使装置处于安全受控状态，避免人身危险，设备损坏，加热炉结焦和催化剂损坏；第二种措施是全面完成紧急停工，转入正常停工或恢复生产。

如果事故涉及范围不是太大，紧急停工时可使设备的压力和液位保持在正常操作范围内，以便使装置容易恢复生产。一般情况下可使装置保持在下列状态，否则将装置停至安全受控状态。降低加热炉负荷，保持反应器温度在控制范围内，反应系统尽量避免过快的泄压速度。

装置处于安全状态的条件：高压分离器中的液位已受到控制，或高压减低压的控制阀和隔断阀处于关闭状态；已切断去分馏系统的汽提蒸汽。当发生事故的时候，要求操作员根据事故的现象正确判断事故发生的原因，迅速处理，避免事故扩大。同时，应向调度和相关工程技术人员汇报、请示。

① 首先要防止爆炸事故的发生，为此对容易造成爆炸事故部位的操作要优先考虑。

② 在处理过程中必须避免造成人员伤亡并尽可能减小对设备和催化剂的损害，要防止造成重大经济损失，保护好催化剂、反应器，防止炉管结焦。

③ 处理必须迅速，但也应注意高温高压设备的温度、压力变化不可过快，以防设备受损而引发其他事故。

④ 及时正确使用联锁，并在启用后检查实际动作情况，如失灵手动执行。

⑤ 处理方法首先考虑维持生产的措施，但当继续生产将危及人员和装置安全时必须停车，并将装置处理到安全状态。

⑥ 事故处理方法应符合操作规程和程序要求。

⑦ 处理中应特别注意各高低压连接处，采取必要措施，严防串压。

⑧ 对易冻凝管线和设备应及时处理。

⑨ 事故处理过程中及处理后，必须优先考虑避免造成环境次生事故。

二、事故处理原则

① 准确判断，及时汇报。事故发生时班长应在最短时间内查清事故原因，通知调度及有关领导和工程技术人员。

② 有些事故的发展是迅速的，不允许拖延时间，当班班长在下列事故状态下有权不请示可作出紧急处理决定，使装置处于安全受控状态：

反应器床层任一点温度超过正常温度并且有继续上升趋势时；

装置失火或爆炸起火，并危及装置安全（如大量跑氢、跑瓦斯等）；

邻近装置发生事故，事故严重危及本装置安全时。

③ 果断处理。加氢出现事故时，如处理适时得当，可能没有损失或损失不大；如处理不果断，则可能造成重大损失。在任何事故处理过程中，必须由班长统一指挥，加强内操与外操、上下游装置之间的联系，既分秒必争，又忙而不乱，采取措施保护催化剂。保证反应器中催化剂床层有气体流动，任何情况下反应器系统不应是负压，防止硫化氢中毒。

④ 出现火灾，立即报火警。尽快切断火源，防止蔓延，高温临氢部位着火用蒸气灭火，不得用水灭火，避免损坏设备。所以在任何操作不正常期间，油进料停止后，尽可能汽提出催化剂上面的油。

⑤ 要严格控制各反应器的差压不超过规定的工艺指标，特别是在启动紧急泄压状态下，更要密切注视各床层差压不要超标，以免损坏设备。

⑥ 当紧急故障发生时，应立即采取如下步骤：维持尽可能大的循环气量；加快冷却反应器，协助油流移动；反应进料改为产品油循环，以减少反应放热。

单元二
典型事故处理

一、床层超温

1. 现象

① 催化剂床层各点温度均超过正常值。

② 某一个或几个床层测温点超过正常值，且下部测温点发生异常升温。

2. 原因

① 循环氢流量减少，使带出的热量减少，导致全部床层超温。

② 进料突然减少或中断而打破原平衡引发超温。

③ 原料油、新氢的组成发生突变（CO、CO_2 含量突变）造成反应热突增而无法带出反应热引发超温。

④ 反应进料加热炉出口温度过高。

⑤ 冷氢系统故障使某点或总冷氢量突减。

⑥ 催化剂在初期活性不稳。

⑦ 反应原料或循环氢在催化剂床层截面上分布不均形成偏流导致局部过热而超温。

⑧ 仪表故障导致误动作或失控造成超温。

3. 处理措施

① 精制反应器发生飞温，处理不应过火，降温不宜过多，以免精制油中氮过高毒化改质催化剂，当温升十分严重，有超过催化剂指标的危险或引起改质反应器飞温的危险时，则应启动 0.7MPa/min 泄压系统停工。

② 改质反应器超温，精制反应器不超温，在降低该床层入口温度的同时，降低下一床层入口温度以截住此温波，防止温波波及下一床层。

③ 改质反应器中某点温度超过正常值（15℃）以上，则发生飞温的可能性已非常大，除采取以上措施外，还应大幅度降炉出口温度，待平稳后再缓慢升温。

④ 改质反应器入口冷氢失灵，使入口温度超 10℃ 或床层任意一点超温 30℃，则启动 0.7MPa/min 泄压系统，按紧急泄压处理。如果还不能控制温升，则启动 1.4MPa/min 泄压系统进行处理。

二、进入装置的原料中断

1. 现象

① 进装置原料油流量计低报警。
② 原料油缓冲罐液位下降。

2. 原因

① 上游装置故障。
② 罐区进料泵故障停泵。
③ 原料油入装置管线有破裂外漏现象。
④ 仪表失灵造成的假象和误动作。

3. 处理措施

① 若上游装置故障而导致进料原料中断，则立即启动罐区进料泵恢复进料。
② 若罐区进料泵故障而导致进入装置的原料中断，则立即启动备用泵恢复进料。
③ 若由于进装置管线发生泄漏造成进装置原料中断，则应立即通知上游装置和罐区停止向装置进料，同时改反应系统自身循环，分馏系统自身循环，降低进料量，保持装置稳定。视情况决定是否停产。
④ 仪表失灵造成的假象，应立即切副线并联系检修。

三、原料带水（冷进料）

1. 现象

① 原料油聚结器界位上升。

② 反应温度急剧下降，床层压降上升，反应压力上升并波动。

③ 冷高分界位上升。

2. 原因

① 上游装置进料带水。

② 原料油罐区脱水不及时，或加热盘管水泄漏。

3. 处理措施

① 原料油聚结器加强脱水。

② 联系上游装置加强脱水。

③ 原料罐加强脱水，严重时切换原料罐。

④ 控制好系统压力。如操作压力波动剧烈危及装置安全，可紧急降温降量后切单进料，之后按进装置原料中断处理。

⑤ 如可维持生产则适当调整，控制反应器入口温度适当低些，注意带水后温度要严格控制，以免含水油气使反应器入口温度突升引发超温。

⑥ 因温度下降过快容易引起反应器出口法兰泄漏，开法兰蒸汽保护。

四、新氢中断

1. 现象

① 入装置新氢量减少或回零。

② 新氢机出口流量减少或回零。

③ 反应系统压力下降很快。

2. 原因

① 制氢氢气中断或重整氢中断。

② 新氢压缩机本机或辅助系统故障诱发联锁动作停车。

③ 氢气压缩机本机或辅助系统故障诱发联锁动作停车。

④ 供新氢系统发生较大泄漏。

3. 处理措施

① 联系调度，稳定外供新氢。

② 因供氢装置故障或新氢系统发生泄漏造成新氢减量但较短时间可恢复正常供应，则装置应降量操作进行系统保压。

③ 如供氢装置故障或新氢系统发生泄漏长时间无法恢复供氢，则应立即降温降量，停反应进料泵，维持循环压缩机运转，待温度压力降到一定值时，进行停产处理。

④ 如新氢压缩机停机，则应立即启用备用机恢复新氢供应。

五、新氢的 CO、CO_2 超标（新氢纯度下降）

1. 现象

① 床层温度上升。
② 循环氢纯度下降。

2. 原因

制氢装置波动，新氢中烃类及 CO、CO_2 含量升高。

3. 处理措施

① 通知调度进行调整，以恢复合格氢的供应。如果短时间内不能恢复，请示切断新氢和进料，维持氢气和压力循环。
② 降低反应器入口及床层温度，控制床层温度不超温。
③ 视床层温度情况，如完全可控制，维持生产进行，如超温则开启 0.7MPa/min 紧急泄压系统，按紧急停工处理。

六、循环氢中断

1. 现象

① 循环氢流量指示回零。
② 反应进料炉出口温度突然升高。

2. 原因

循环机停运。

3. 处理措施

① 立即检查 0.7MPa/min 紧急泄压系统是否启动，如未能自动启动则应手动启动联锁。
② 床层最高点温度有超温趋势时手动启动 1.4MPa/min 紧急泄压系统联锁。
③ 注意高分液、界位，严防串压。
④ 联系调度，使用大量氮气，当系统压力低于氮气压力时以最大量氮气吹扫反应系统。
⑤ 没有油水进高分时，关闭高分液、界控阀，高分保液面。
⑥ 床层继续保持气体流动，直至降至适当温度。

七、冷高分气带油（循环氢带油）

1. 现象

① 循环氢流量指示增加，循环氢压缩机入口量波动。

② 循环氢压缩机振动变大，运行不稳，严重时会导致循环压缩机振动及故障停机。

2. 原因

① 冷高分液位超高，或循环氢压缩机入口分液罐液面高。
② 冷高分温度超高。
③ 破沫网失效，效果不好。
④ 仪表故障。

3. 处理措施

① 如果冷高分液位超高，适当开大冷高分到冷低分的减压阀，将冷高分液面降至正常范围内。
② 如果循环氢压缩机入口分液罐液位超高，适当开大排液阀，将液面降至正常范围内。
③ 冷高分操作温度不应过高，否则应调整前面的换热、冷却系统，降低冷高分温度操作温度。
④ 破沫网效果不好，无法在操作中完全处理好，通常带液较严重时可降低高分温度和降负荷，待检修时再做处理。情况紧急可以停工处理。
⑤ 仪表故障造成冷高分液位或循环氢压缩机入口分液罐液面高，在加强排液的同时联系检修。

八、高压注水中断

1. 现象

① 注水量回零。
② 注水点后换热器、空冷器出入口温度上升。
③ 循环氢纯度下降，其中氨及硫化氢浓度升高。
④ 冷高分界位下降。

2. 原因

① 注水泵停运。
② 注水泵出口线较大泄漏。

3. 处理措施

① 如只是泵故障停机，应立即关泵出口阀，切换备用泵维持生产。
② 泵出口阀内侧泄漏，关出口阀，启动备用泵维持生产，如泵出口阀外侧泄漏则关闭注水点阀门及泵出口阀。
③ 短时间停注水，装置降量维持生产；长时间停注水，则按正常停工处理。

九、高压临氢系统发生较大泄漏（反应器、高压换热器、空冷器等）

1. 现象

系统泄漏而着火，其危险性较大。

2. 处理措施

① 立即进行蒸汽掩护。
② 可切断泄漏部位的立即切断，之后处理。
③ 不可切断部位或切断十分困难可能危急操作者人身安全时，应立即启动 1.4MPa/min 泄压系统紧急停工。
④ 如漏点接近火源或处于炉子上风向，应立即启动 1.4MPa/min 泄压系统紧急停工。
⑤ 注意停炉后应熄灭长明灯。

十、进料加热炉燃料气停

1. 现象

① 压力指示报警，流量指示同时下降。
② 联锁停炉，反应器入口温度、床层温度下降。

2. 原因

① 供燃料气中断。
② 仪表故障。

3. 处理措施

① 发现燃料气压力低，应立即联系恢复正常。
② 反应量维持低负荷运行，至燃料气压力恢复正常为止。
③ 如果不能恢复，则按正常停工处理。

十一、低压热油管线法兰漏油着火

1. 现象

管线法兰漏油着火。

2. 原因

① 法兰垫片失效或操作压力突变引起漏油着火。

② 因腐蚀冲蚀或材质缺陷所致。

3. 处理措施

① 首先报火警。

② 如能切断泄漏部位的，迅速切断泄漏部位。如不能切断泄漏部位，要对泄漏部位上游流程进行更改，具体措施根据实际情况决定。

③ 如果火势不大应迅速用灭火器先行灭火后再进行处理。如火势较大则等待消防人员到场。

十二、全装置瞬时停电

1. 现象

① 晚间照明灯灭后复明。

② 运转机泵停运。

2. 原因

供电系统故障。

3. 处理措施

① 立即检查两炉，保持明火，若已熄灭，按紧急停炉处理。

② 立即关闭停运机泵出口阀。

③ 立即启动停运机泵或备用泵。

④ 及时调节高、低分液面及压力。

⑤ 按正常开工恢复生产。

十三、停中压蒸汽

1. 现象

① 中压蒸汽加入装置流量下降或回零。

② 循环氢压缩机转速下降。

③ 脱硫化氢塔汽提蒸汽流量下降或回零。

2. 原因

外供中压蒸汽中断。

3. 处理措施

按停循环氢处理。

十四、停仪表风（净化风）

1. 现象

① 仪表风流量指示为零。
② 仪表风罐压力下降。

2. 原因

① 管网供风中断。
② 仪表风系统有较大泄漏。

3. 处理措施

① 联系调度，立即恢复供风。
② 若界区内仪表风有较大的泄漏，尽量隔离处理。
③ 若仪表风短时间能恢复，根据现场液位（玻璃板）、压力（压力表）、流量（一次表）立即用各调节阀副线调节至正常，重点是加入炉保明火，并注意高、低分压力及液位变化。
④ 若仪表风压力下降较快，且短时间不能恢复，则启动 0.7MPa/min 紧急泄压系统，如长时间停仪表风，按正常停工处理。

十五、停循环水

1. 现象

① 流量指示回零，循环水低压报警。
② 各用循环水冷却的介质冷后温度上升。
③ 往复式压缩机润滑油温度、排气温度上升。

2. 原因

① 循环水故障中断。
② 循环水系统有较大泄漏。

3. 处理措施

① 如循环水中断，立即联系调度，迅速恢复供应。循环水中断且不能立即恢复，按停工处理。
② 当界区内部分水系统有泄漏时，如循环水或机泵冷却水中断时能用新鲜水代替，可先尽量维持生产，等修复后再恢复循环水；若不能用新鲜水代替，按紧急停工处理。

十六、燃料气中断

1. 现象

① 燃料气流入装置流量指示回零。

② 燃料气压力降低。

③ 两炉联锁停炉。

④ 原料油缓冲罐、分馏塔回流罐、石脑油塔回流罐气封中断，压力下降。

2. 原因

① 供气故障。

② 仪表故障。

3. 处理措施

① 两台加热炉紧急停炉。

② 联系调度恢复燃料气供应，如短时间可恢复，降量维持生产；如长期不能恢复，全装置正常停工处理。

③ 如因仪表问题造成燃料气中断，立即切控制阀副线，恢复供应，联系检修。

④ 稳定原料油缓冲罐、分馏塔回流罐、石脑油塔回流罐压力。

⑤ 如燃料气恢复，按正常开工步骤开工。

十七、加入炉炉管破裂

1. 现象

① 炉膛对流段烟气温度急剧升高。

② 炉出口温度上升，降低瓦斯量，炉温仍降不下来，炉膛负压下降，出现正压，发生回火。

③ 烟囱冒黑烟，甚至出现明火。

2. 原因

① 炉管长期超温，超过材质设计限制，造成炉管损坏。

② 火嘴调整不当，使火焰扑到炉管造成炉管损坏。

③ 施工及材质质量问题。

3. 处理措施

① 立即室内紧急停炉，启动 1.4MPa/min 紧急泄压系统停工。

② 关炉前火嘴手阀，切至炉膛吹扫蒸汽。

③ 炉管内压力降低后，用氮气置换系统。

④ 确认无危险后进行其他操作。

故障处理评价

故障处理评价见表 5-1。

表 5-1   故障处理评价表

故障	故障判定	故障处理	分值
新氢中断事故	故障主要现象为新氢缓冲罐压力 PIC101 快速下降、临氢系统压力快速下降	①停新氢压缩机 K1、(停 P1,停止进料)(K1＝OFF、P1A/B＝OFF) ②关新氢入口调节阀 PV001 ③关系统放空阀 PV106A/B ④系统改(短)循环,故障处理完成后,要重新引入氢气,开 K1,PV106A＜3.5MPa,反应器带油结束后全装置停工	30 分
循环氢中断事故	故障主要现象为 FI107 流量数值大幅下降;F1 出口 TIC102 温度突升;系统压力下降	①加热炉 F1 紧急停炉、(停 P1,停止进料)(关闭反应器进料加热炉 F1 瓦斯压控阀 PV102) ②新氢机以最大量补入新氢,高分泄压(关小 PV101＜20％,开大 PV001＞80％,开大 PV106A＞80％) ③低分停止减油后装置改(短)循环,全装置降温后停工,FIC101＜60t/h,开 HV145	30 分
原料油中断事故	故障主要现象为原料油流量 FIC101 指示回零;反应器进料加热炉 F1 出口温度 TIC102 升高;反应器各床层温度升高	①关闭炉 F1 瓦斯压控阀 PV102(PV102＝0) ②大开冷氢控制阀 TV104、TV106(TV104＞80％、TV106＞80％) ③停新氢压缩机 K1(K1＝OFF) ④装置改短循环(开 HV145)	30 分
燃料气中断事故	故障主要现象为两炉出口温度 TIC102、TIC115 有大幅下降	①F1 熄火(PV102＝0,F1＝OFF) ②F2 熄火(PV112＝0,F2＝OFF) ③(停 P1,停止进料)装置改(短)循环(全装置降温后停工)(FIC101＜60t/h,开 HV111)	30 分

单元 四
识读联锁逻辑图

加氢仿真实训装置联锁逻辑图如图 5-1～图 5-8 所示。

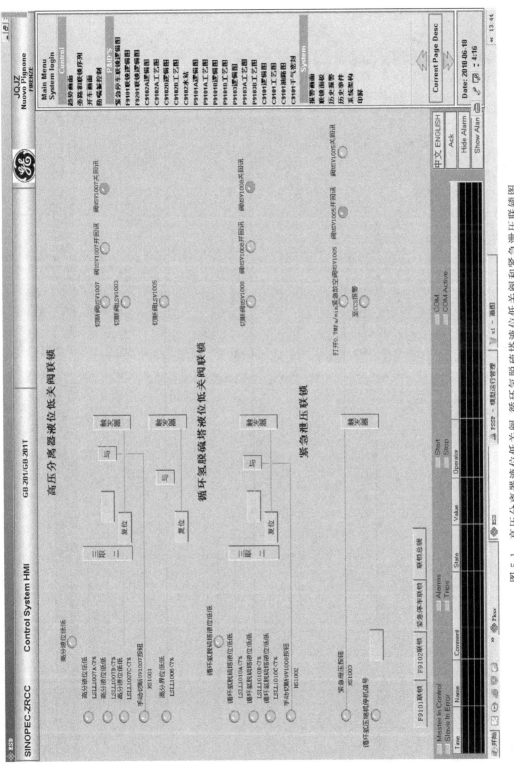

图 5-1 高压分离器液位低关阀、循环氢脱硫塔液位低关阀和紧急泄压联锁图

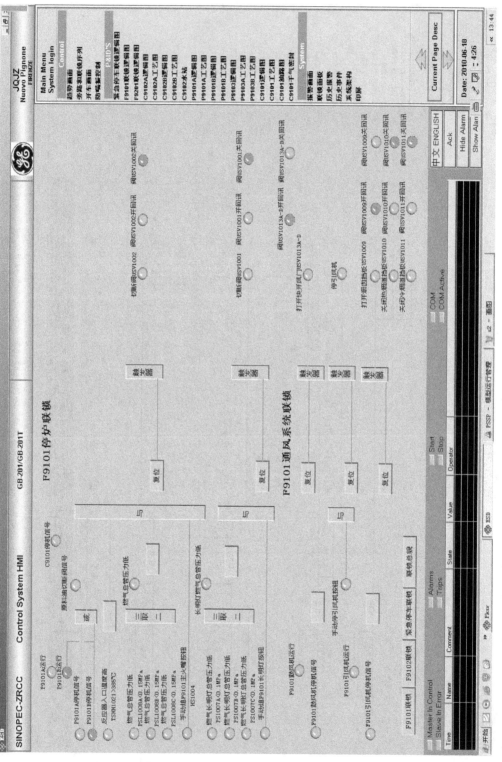

图 5-2　F9101 停炉联锁

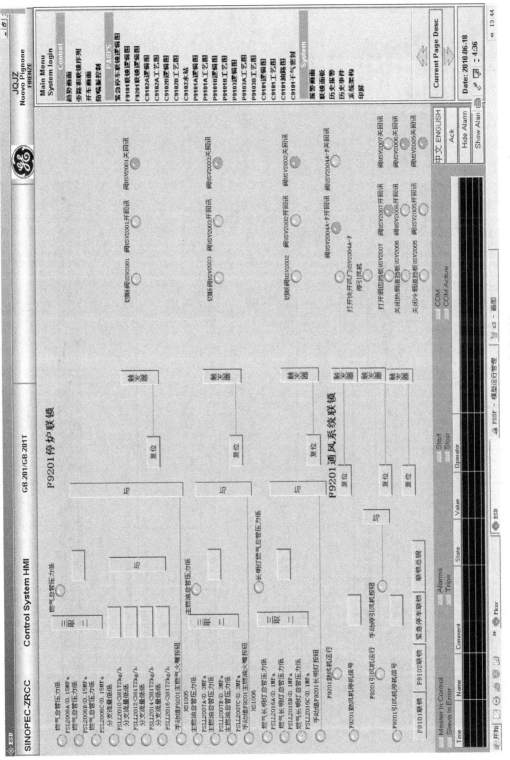

图 5-3 F9201 停炉联锁

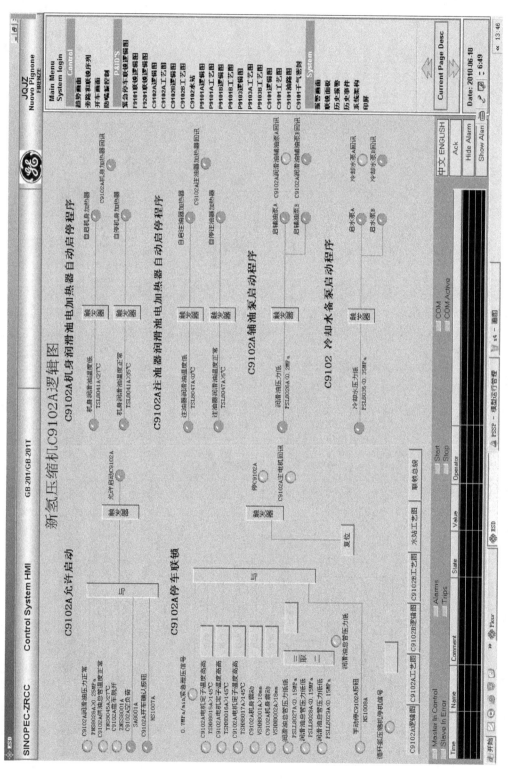

图 5-4 新氢压缩机 C9102A 逻辑图

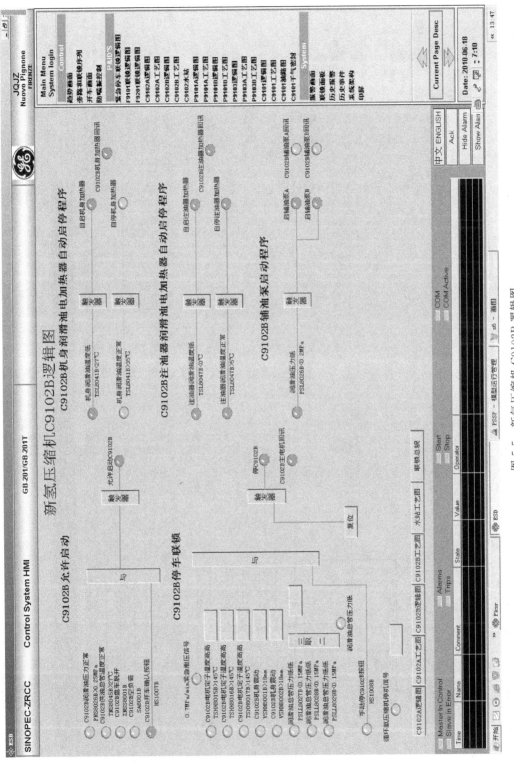

图 5-5 新氢压缩机 C9102B 逻辑图

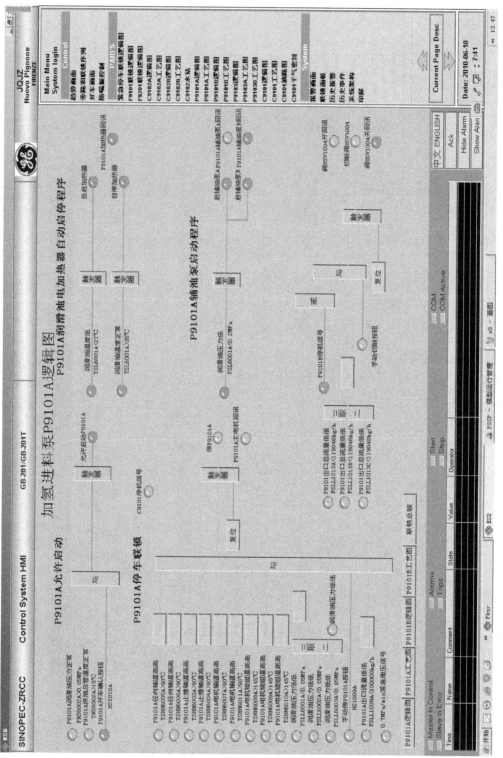

图 5-6 加氢进料泵 P9101A 逻辑图

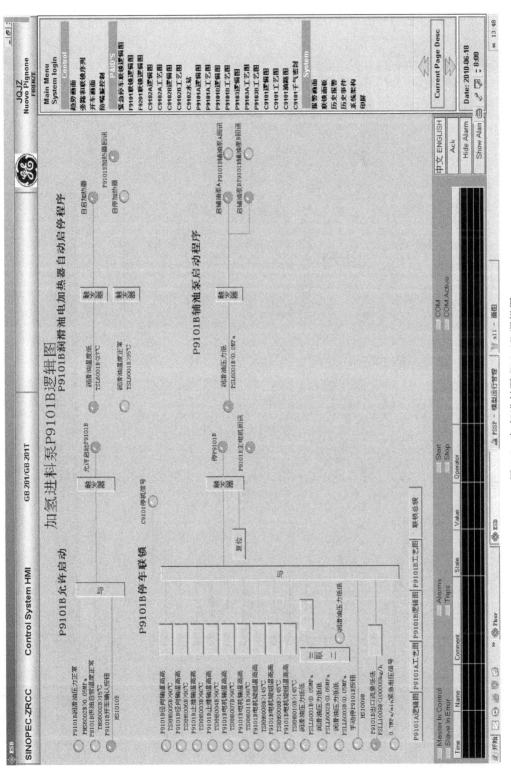

图 5-7　加氢进料泵 P9101B 逻辑图

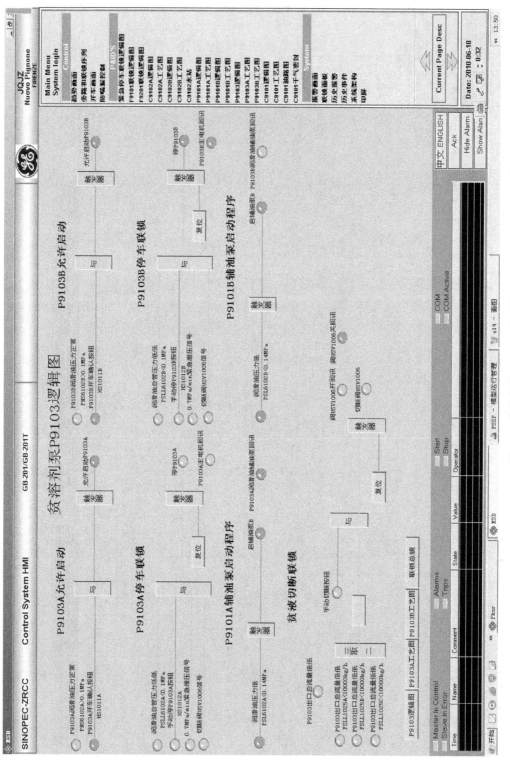

图 5-8 贫溶剂泵 P9103 逻辑图

习题与
思考

1. 简述加氢装置事故处理原则。

2. 当装置高压临氢系统（反应器、高压换热器、空冷器等）发生较大泄漏时应采用的哪些措施？

3. 当装置发生床层超温事故时，装置会出现哪些现象？

模块六

生产日常巡检

任务目标

1. 知识目标

掌握巡检基本要求及巡检基本任务；

掌握巡检内容及处理方法。

2. 能力目标

能够说明巡检基本要求及巡检基本任务；

能够说明各岗位的巡检位置及巡检内容；

能够对巡检点做出正确的判断和处理。

3. 素质目标

培养学生将所学知识与实际应用结合的意识和能力；

培养学生严谨认真的工作态度、执行操作规程的责任意识。

教学条件 》

汽柴油加氢实物仿真实训室或企业加氢车间，或安装有汽柴油加氢仿真软件的机房。

教学环节 》

在能够进行装置开停工操作的基础上，练习生产装置日常巡检，掌握巡检内容及处理方法，完成实训任务。

教学要求 》

根据教学目标，掌握巡检基本要求，掌握岗位巡检点及巡检内容，完成巡检基本任务，并对巡检点情况做出正确的判断和处理。

巡检，是生产管理和操作者每日必修的功课。从目的性上看，巡检的作用在于及时发现各类隐患，及时反馈并解决，其重要性不言而喻。

单元 一
日常巡检基本要求

　　炼化生产多在高温高压下进行，员工要定时进行巡检以保证装置运行安全无事故，在巡检过程中要做好必要的安全防护。

一、巡检基本要求

　　① 巡检之前，巡检人员要穿戴好个人防护用品：安全帽系好下颌带；工作服穿戴整齐，扣好衣扣、袖口，严禁敞怀；穿安全鞋；佩戴好防护手套及耳塞。

　　② 检查巡检工具是否齐全、好用。巡检工具包括便携式报警仪、防爆对讲机、点温仪、防爆手电（夜间）以及其他需要的工具。

　　③ 巡检时，严禁携带手机等非防爆设备。

　　④ 进入泵区、大型机组等高噪声环境，务必戴好护耳器。

　　⑤ 进入含有易燃易爆物质区域之前，触摸静电消除器，消除自身静电。

　　⑥ 进入含硫化氢、苯等高毒介质区域，必须两人同行。巡检前，检查携带的便携式报警仪状态，确保报警仪种类无误、开机显示无异常并且电量充足。

　　⑦ 巡检过程中，报警仪发生报警或发生异常情况时，要立即向内操人员报告，严禁一人进入危险区域擅自处理。

　　⑧ 巡检过程中，如听见内操通过对讲机、应急广播等方式通知应急疏散时，巡检人员立即沿上风向或侧风向返回指定地点。

　　⑨ 巡检人员在巡检过程中，要经常（不超过 10min）向室内报告个人位置和现场情况，室内操作人员应及时应答；当巡检人员未及时报告，室内人员联系无应答时，应立即安排其他人员到现场查看，同时汇报班长。

　　⑩ 巡检过程中，如发现非本车间人员或车辆进入装置区，应主动上前询问。如果是未经许可人员或未办理手续进入生产区域作业的机动车辆，立即要求其离开装置区，并汇报车间。

　　⑪ 框架巡检时，上下斜梯、竖梯要佩戴好防护手套，抓牢扶手。

　　⑫ 夏季高温天气，巡检过程中注意防暑。如身体有不适，应用对讲机向主控室汇报，并立即返回操作室。

二、巡检基本任务

　　巡检时应采取"闻、听、看、摸、比"的方法，即通过嗅觉及时发现异常泄漏、耳朵听异常杂音、眼睛看异常现象、用手摸设备的温升和振动变化情况，采用检查、比较的方法及时发现设备运行的异常情况。

　　① 检查动设备的温升情况、振动变化情况、润滑情况、机封和轴承箱冷却情况，机

泵出口压力、电机电流情况。
　　② 检查冷换设备运行情况。
　　③ 检查各塔器运行情况、室内外液面对照。
　　④ 检查各汽包液面水位计冲洗对照。
　　⑤ 检查各设备、阀门、管线有无泄漏。

加氢装置巡检

一、巡检点设置

巡检点设置见表 6-1。

表 6-1　巡检点设置一览表

岗位	巡检位置	巡检内容
车间	压缩机	注油器滴油速度(每分钟 7～10 滴)、进出口压力温度、电机运转情况、轴承温度、循环水是否畅通、高位水箱液位、润滑油液位、气阀声音温度有无异常
	反应高温区	液位、界位、压力、各法兰是否有渗漏情况
	注水泵	机泵振动、轴承温度、润滑油液位、出口压力、电机电流、循环水是否畅通、机封泄漏、备机状态
	进料泵	机泵振动、轴承温度、润滑油液位、出口压力、电机电流、循环水是否畅通、机封泄漏、备机状态
	加热炉	火焰燃烧状态,燃料气压力,火嘴情况,负压情况、各看火窗状态
班长	循环氢脱硫区	油站和水站出口压力、轴承温度、润滑油液位、循环水是否畅通、油温油压、过滤器压差、电机振动
	新氢水站	机泵振动、轴承温度、润滑油液位、出口压力、电机电流、循环水是否畅通、机封泄漏、备机状态
	压缩机	机泵振动、轴承温度、润滑油液位、出口压力、电机电流、循环水是否畅通、机封泄漏、备机状态
	进料泵	机泵振动、轴承温度、润滑油液位、出口压力、电机电流、循环水是否畅通、机封泄漏、备机状态
	反应高温区	液位、界位、压力、各法兰是否有渗漏情况
	注水泵	机泵振动、润滑油液位、出口压力、轴承温度、循环水是否畅通、机封泄漏、备机状态
	加热炉	火焰燃烧状态、燃料气压力、火嘴情况、负压情况、各看火窗状态
	循氢水站	机泵振动、润滑油液位、出口压力、轴承温度、循环水是否畅通、机封泄漏、备机状态

岗位	巡检位置	巡检内容
反应	压缩机	机泵振动、轴承温度、润滑油液位、出口压力、电机电流、循环水是否畅通、机封泄漏、备机状态
	新氢水站	机泵振动、轴承温度、润滑油液位、出口压力、电机电流、循环水是否畅通、机封泄漏、备机状态
	循氢水站	机泵振动、轴承温度、润滑油液位、出口压力、电机电流、循环水是否畅通、机封泄漏、备机状态
	压缩机级间换热区	液位、界位、压力、各法兰是否有渗漏情况
	进料泵	机泵振动、轴承温度、润滑油液位、出口压力、电机电流、循环水是否畅通、机封泄漏、备机状态
	注水泵	机泵振动、轴承温度、润滑油液位、出口压力、电机电流、循环水是否畅通、机封泄漏、备机状态
	加热炉	火焰燃烧状态、燃料气压力、火嘴情况、负压情况、各看火窗状态
分馏	公用区	各法兰有无渗漏、压力表是否正常、管线是否有振动与位移情况
	一号管廊泵区	机泵振动、轴承温度、润滑油液位、出口压力、电机电流、循环水是否畅通、机封泄漏、备机状态
	分馏平台	各罐液位、各法兰是否有渗漏情况、周围是否有异味、各个污油泵是否为备用状态
	尾油换热区	机泵振动、润滑油液位、出口压力、轴承温度、机封泄漏、备机状态
	原料换热区	各罐液位、各法兰是否有渗漏情况、周围是否有异味、各个污油泵是否为备用状态
	加热炉	火焰燃烧状态、燃料气压力、火嘴情况、负压情况、各看火窗状态
高点	分馏框架	各法兰有无渗漏、压力表是否正常、管线是否有振动与位移情况
	反应器框架	各法兰有无渗漏、压力表是否正常、管线是否有振动与位移情况
	高压空冷平台	各法兰有无渗漏、压力表是否正常、管线是否有振动与位移情况
	紧急泄压平台	各法兰有无渗漏、压力表是否正常、管线是否有振动与位移情况

二、巡检内容及处理方法

1. 泵区

（1）巡检内容

① 高温泵。

② 含毒泵。

③ 各法兰处。

（2）处理方法

① 高温泵附近配备灭火器，密封处增加护板。

② 巡检时带报警仪，出现泄漏立即戴呼吸器处理。

③ 做泄漏处理预案。

2. 新氢和循环氢压缩机区

（1）巡检内容

① 各级排气温度是否在工艺指标内。

② 注油器投用每分钟 8~10 滴。

③ 现场巡检报警仪检测正常。

④ 各级压力和压缩比正常。

⑤ 无级变量油站的油位及过滤器压差、油压要检查，定期补油。

⑥ 压缩机的油位和油温。

（2）处理方法

① 带测温枪，每小时内操做记录，发现异常立即上报。

② 自行调节，处理不了联系班长或机修。

③ 报警仪随身携带，发现异常立即上报。

④ 现场检查各级压力，和主控对比。

⑤ 保持油位在 2/3 以上，油压 11~12MPa。

⑥ 压缩机油位在 2/3 以上，油温在 27℃ 以上。

3. 压缩机水站

（1）巡检内容

① 备用机和水站补水线是否冻凝。

② 水站的水质情况。

（2）处理方法

① 备用机和水站补水线冬季做好防冻凝。

② 每周对水站的水进行一次置换。

4. 压缩机房外管廊

（1）巡检内容

① 有无泄漏。

② 管线有无颤动。

③ 管托处的石棉垫是否磨穿。

（2）处理方法　发现异常立即报告班长

5. 热高区巡检内容及处理方法

（1）巡检内容

① 现场有无跑、冒、滴、漏，仪表风是否足压。

② 切断阀处是巡检重点。

③ 各阀门和法兰口有无泄漏。

④ 现场液位和主控对比报数，防止仪表出现假液位。

（2）处理方法

① 发现跑、冒、滴、漏，立即处理。仪表风问题联系仪表。

② 制作泄漏处置方案并全员学习。

③ 认真巡检，发现问题立即上报。

④ 每小时和主控对比液位并记录。

6. 高压换热器区

（1）巡检内容

① 管线有无颤抖，石棉垫磨损情况。

② 浮头处有无渗油。

③ 有无高温裸露部位。

（2）处理方法　发现后立即联系班长处理。

7. 反应器区

（1）巡检内容

① 管线有无颤抖，石棉垫磨损情况。

② 法兰口处有无渗油。

③ 有无高温裸露部位。

（2）处理方法　发现后立即联系班长处理。

8. 加热炉区

（1）巡检内容

① 炉子火嘴是否积炭。

② 管线是否颤抖。

③ 带报警仪查看现场有无可燃气体泄漏。

④ 进出料管线的法兰口渗漏的情况。

（2）处理方法

① 发现积炭立即处理，调整进风量。

② 联系班长上报车间。

③ 查找漏点立即处理。

④ 制定处理方案，全员学习。

9. 高压空冷区

（1）巡检内容

① 空冷电机或轴承有无异常声响。

② 空冷皮带是否松动。

③ 护罩螺丝是否松动。

④ 管束堵头是否泄漏。

（2）处理方法

① 3 个月对空冷轴承加注一次润滑脂。

② 联系机修处理。

③ 紧固螺丝。

④ 按时巡检，发现异常及时汇报，制定处理方案。

10. 加氢进料泵

（1）巡检内容

① 密封是否漏油。

② 电机是否超温。

③ 有无异常声响。

④ 辅助油罐和润滑油油压。

（2）处理方法

① 漏油时应联系机修处理。

② 电机超温应切机。

③ 确定异常声响的原因，切机。

④ 联系班长立即处理。

11. 注水泵

（1）巡检内容

① 最小流量线。

② 泵出口压力。

③ 进出口管线颤抖情况。

（2）处理方法

① 最小流量线最好不投用，必要时再用。

② 泵出口压力不得小于系统压力。

③ 进出口管线颤抖要在允许范围内，颤抖增大时应立即联系班长进行调节。

习题与
思考

1. 说出巡检基本要求。

2. 加氢装置巡检点有哪些？

3. 试说明新氢压缩机区巡检内容及处理方法。

模块七

实际生产中泵的操作

任务目标　1. 知识目标

掌握实际生产中各类泵的常见故障和处理方法；

掌握实际生产中各类泵开、停车及切换操作过程。

2. 能力目标

能描述泵的开停车及切换步骤；

能阐述泵的常见故障，并分析其原因，找到处理方法。

3. 素质目标

培养学生将所学知识与实际应用结合的意识和能力；

培养学生严谨认真的工作态度、执行操作规程的责任意识。

教学条件 ≫

汽柴油加氢实物仿真实训室或企业加氢车间，或安装有汽柴油加氢仿真软件的机房。

教学环节 ≫

学习实际生产中各类泵常见的故障及处理方法，学习泵的开、停车及切换操作，完成实训任务。

教学要求 ≫

根据教学目标，掌握本装置各种泵的开停车及切换步骤，能知晓泵的常见故障，分析原因并找到处理方法。

本模块以某石化公司 $1×10^7$ t/a 催化汽油加氢脱硫装置为例介绍泵的操作，该装置以催化装置催化汽油为原料，生产满足欧Ⅳ排放标准的汽油。装置由预加氢、加氢脱硫和公用工程三个部分组成。装置设计加工催化汽油，加氢后产品分为三个部分，即轻、中、重汽油组分。

　　该装置采用法国 Axens 公司的 Prime-G＋技术方案，Prime-G＋工艺先将全馏分汽油通过选择加氢反应器进行预加氢，预加氢的主要目的是将二烯烃转化为单烯烃，将全部硫醇转化和脱硫，使部分轻的硫化物转化为重的硫化物等。然后将预加氢的反应产物通过产品分馏塔切割成轻、中、重汽油三种组分，轻汽油可以做汽油调和组分或醚化原料，中汽油送至重整装置，重汽油送至二段加氢装置，进行深度脱硫。主要优点有中间操作条件、相对高空速、可靠地避免聚合反应、分馏塔采用三组分分馏、可实现最小化烯烃饱和辛烷值流失的特殊催化剂和操作条件、可以对 FFC 催化汽油脱硫 95％以上，同时只有适度的辛烷值流失和氢气消耗量。

　　说明

　　操作性质代号：

　　（　）　表示确认；

　　［　］　表示操作；

　　＜　　＞　表示安全确认操作。

　　操作者代号：操作者代号表明了操作者的岗位。

　　班长用 M 表示；

　　内操作员用 I 表示；

　　现场操作员用 P 表示。

　　将操作者代号填入操作性质代号中，即表明操作者进行了一个什么性质的动作。

　　例如：

　　＜I＞——确认 H₂S 气体报警仪测试合格

　　（P）——确认一个准备点火的燃料气主火嘴

　　［M］——联系调度引燃料气进装置

 单元 一
原料泵的开、停与切换操作

一、原料油泵开、停与切换操作

1. 开泵操作

A 级　操作提示框

> **初始状态 S₀**
> **原料油泵空气状态—隔离—机、电、仪及辅助系统准备就绪**

启动前的准备：

投用冷却水系统；

投用平衡管系统；

投用系统流程；

投用密封冲洗油系统；

投用润滑油系统；

启用油泵前的准备工作。

（1）启动油泵

> **稳定状态 S_1**
> **原料油泵具备灌泵条件**

（2）反应进料泵灌泵

> **稳定状态 S_2**
> **原料油泵具备开泵条件**

（3）反应进料泵开泵

> **稳定状态 S_3**
> **原料油泵开泵运行**

（4）启动后的调整和确认

> **最终状态 FS**
> **原料油泵正常运行**

B级　开泵操作

> **初始状态 S_0**
> **原料油泵空气状态—隔离—机、电、仪及辅助系统准备就绪**

适用范围：用电机驱动的泵。

初始状态：

（P）——泵单机试运完毕

（P）——泵处于无工艺介质状态

（P）——确认联轴器安装完毕

（P）——确认防护罩安装好

（P）——泵的机械、仪表、电气确认完毕

（P）——泵联锁校验确认完毕，仪表系统正常

（P）——确认润滑油系统流程正常

（P）——确认润滑油箱液位正常

（P）——确认润滑油泵完好备用

2. 反应进料泵开泵准备

（1）投用冷却水系统

[P]——投用电机、密封体、润滑油系统等部分冷却水

（P）——确认冷却水畅通

（2）投用平衡管系统

[P]——打开平衡管路上引压阀，投用压力表及仪表引压管路

（3）投用系统流程

[P]——关闭出入口阀门，打开入口及出口管路压力表及仪表引压阀

[P]——小开排气阀

（4）投用密封冲洗油系统

[P]——打开密封冲洗油管路上所有阀门，投用压力表及仪表引线管路

（5）投用润滑油系统

① 启动油泵前的准备工作：

[P]——首次开泵，应先把泵的油路系统冲洗干净，冲洗 10～24h，最少 8h，换好润滑油，油箱油位在 90％左右

[P]——检查泵所有进出口管路连接是否牢固，有无泄漏等

[P]——接通油站冷却器冷却水，打开冷却器上、下水阀门，关闭冷却器水线跨线阀

[P]——打通泵润滑油流程

② 启动油泵：

[P]——启动润滑油泵，要求供油压力≥0.05MPa，并将油泵自动开关搬至备用位置，检查油温≥20℃、油压、过滤器压差及管路有无泄漏

[P]——操作油泵，使其油压低（0.4MPa），检查备用油泵是否自启，油压低至 0.05MPa 时联锁停车

> **稳定状态 S_1**
> **原料油泵具备灌泵条件**

3. 原料油泵灌泵

[P]——小开泵入口阀门 10％～20％及出口管路上的高点放空阀门、灌泵排气至无气泡时则关闭高点放空阀，全开入口阀

[P]——拆下平衡管路上压力表，排净平衡管内气体后回装压力表并投用

[P]——拆卸密封冲洗油管路压力表，排净管路气体后回装压力表并投用

[P]——用手盘车 2～3 周，确认无卡碰现象

[P]——所有压力表及仪表引线排气

（P）——联系电工检查电机绝缘符合要求，转向正确，并给泵送电，根据现场操作柱绿灯亮否，判定电送上与否

> **稳定状态 S₂**
> **原料油泵具备开泵条件**

状态确认：泵体充满介质并无气体，机械密封无泄漏，管路无泄漏。

4. 原料油泵开泵

[P]——全开与该泵相连的最小流量线

[P]——按动开泵复位按钮

[P]——按动出口电磁阀复位按钮

[P]——启动电机

(P)——确认电磁阀打开

[P]——当泵出口压力达到泵正常运转的压力时，确认无异常后，打开泵出口阀

(P)——确认泵向系统送油

[P]——关闭与该泵相连的最小流量线

> **稳定状态 S₃**
> **原料油泵开泵运行**

5. 泵启动后的调整和确认

(P)——确认机械密封的温度

(P)——确认径向轴承的温度

(P)——确认止推轴承的温度

(P)——确认冲洗油温度、压力

(P)——调整泵轴承入口油压为 0.08～0.15MPa

(P)——调整电机轴承入口油压为 0.02～0.03MPa

(P)——调整平衡管压力大于入口压力为 0.5～1.5kg/cm² （1kg/cm²＝0.049MPa）

(P)——确认润滑油站，包括油温、油压、油位、过滤器压差等

(P)——确认机械密封泄漏量

(P)——确认泵出入口压力

(P)——确认电流、噪音、振动等

> **最终状态 FS**
> **原料油泵正常运行**

状态确认：泵体无泄漏，泵轴温度、轴振动、轴位移正常，润滑油温度、压力正常，电机温度、电流、振动正常，泵出入口压力正常稳定。

最终状态：

(P)——泵入口阀全开

(P)——泵出口阀开

(P)——泵出口压力在正常稳定状态

(P)——动静密封点无泄漏

6. 停泵操作

A 级　操作提示框

> 初始状态 S_0
> 原料油泵正常运行

（1）停泵

> 稳定状态 S_1
> 原料油泵停运

（2）备用

> 最终状态 FS
> 原料油泵备用

B 级　停泵操作

> 初始状态 S_0
> 原料油泵正常运行

适用范围：用电机驱动的泵。

初始状态：

(P)——泵入口阀全开

(P)——泵出口阀开

(P)——泵在运转

> 稳定状态 S_1
> 原料油泵停运

停泵：

[P]——按停泵按钮

[P]——关闭泵出口阀门

[P]——盘车一周

> 最终状态 FS
> 原料油泵备用

7. 正常切换操作

A 级　操作提示框

> 初始状态 S_0
> 在用泵处于运行状态，备用泵准备就绪，具备启动条件

（1）启动备用泵

稳定状态 S_1 **原料油泵具备切换条件**

（2）切换

稳定状态 S_2 **原料油泵切换完毕**

（3）切换后的调整和确认

最终状态 FS **备用泵切换后正常运行，原在用泵停用**

B 级　切换操作

初始状态 S_0 **在用泵处于运行状态，备用泵准备就绪，具备启动条件**

（1）初始状态确认

① 在用泵：

（P）——泵入口阀全开

（P）——泵出口阀开

（P）——泵出口压力在正常稳定状态

② 备用泵：

（P）——泵入口阀全开

（P）——泵出口阀关闭

（P）——辅助系统正常投用

（P）——电机送电

（2）按开泵步骤开备用泵

稳定状态 S_1 **原料油泵具备切换条件**

状态确认：备用泵运行，机械密封无泄漏，出口压力正常平稳，电机电流正常。

（3）切换

[P]——打开备用泵出口阀

[P]——关闭运转泵电机

按停泵程序停运转泵

稳定状态 S_2 **原料油泵切换完毕**

状态确认：原备用泵正常运转，原在用泵停用。

（4）切换后的调整和确认

（P）——按开泵的调整与确认进行

（P）——备用泵注意防冻

> **最终状态 FS**
> **备用泵切换后正常运行，原在用泵停用**

状态确认：原备用泵处于正常运转状态，原在用泵处于停用状态。

二、操作指南

反应进料泵的日常检查与维护项目如下。

1. 检查项目

① 首次启动前的准备工作。

② 电机单试合格，转向正确。

③ 检查机泵的对中。

④ 检查膜片联轴器的安装。

⑤ 检查灌泵充分，机械密封泄漏情况。

⑥ 检查供油系统运行正常。

⑦ 油箱已清理，管路已清理干净，润滑油已更换合格油品。

⑧ 检查稀油站无泄漏，各参数正常。

⑨ 机组报警，联锁已校验完毕，试用合格。

2. 日常维护

① 机泵运转平稳，振幅在规定范围内。

② 不允许机泵干转。

③ 严禁在长时间关闭出口阀的情况下运行。

④ 泵运行时，吸入管的入口阀门不许关闭。

⑤ 检查轴封的渗漏量及冲洗油温度、压力、泄漏情况。

⑥ 每班盘车一次，转动 $180°$。

⑦ 备用泵完好，确保在紧急情况下可以立即启动。

⑧ 确保润滑油油位，保证润滑油质量。

⑨ 注意保持油站卫生，定期抽排积水。

⑩ 做好日常维护和台账记录。

3. 运行参数、报警及联锁

① 原料油泵轴承温度：报警温度为 $80℃$，高报警温度为 $90℃$。

　② 原料油泵润滑油压力：0.08～0.15MPa。

　③ 电机润滑油压力：0.02～0.03MPa。

　④ 进油温度：35～45℃。

　⑤ 回油温度：<65℃。

　⑥ 润滑油低联锁停车压力：0.05MPa。

　⑦ 润滑油过滤器压差大报警：0.12MPa。

　⑧ 平衡管压力大于吸入口压力0.5～1.5kg/cm² （1kg/cm²＝0.049MPa）。

　⑨ 润滑油使用周期：首次用300h，正常8000h更换润滑油，每月检查一次油样。

入口压力：0.4MPa；出口压力：8MPa；扬程：1003m；转速：2980r/min；级数：6级；正常流量：308m³/h。

　⑩ 泵型号：GSG150-360DX6S；润滑油牌号：L-TSA46防锈汽轮机油。

4. 故障名称、原因及处理

具体的故障名称、原因及处理方法见表7-1和表7-2。

表 7-1　故障名称及修理方法

故障名称	原因及修理方法，见表7-2所列各点
泵没有流量	1、2、3、4、5、7、8、12、13
泵流量不足	1、2、4、5、8、12、19、20、21
总扬程不够	3、4、5、7、8、10、12、19、20、21
启动后突然中断流量	1、2、4、9、11
轴功率过高	6、7、9、10、17、19
机械密封泄漏过多	14、16、18、22、23、24、25、28、29
机械密封寿命太短	14、16、18、22、23、24、25、26、27、28、29
泵机振动或噪声太大	2、3、4、11、13、14、15、16、17、18、20、24、32、33
轴承寿命太短	14、16、17、25、31、32、33、34、35
泵内温度过高，转子碰撞壳体或者卡住	1、3、4、7、9、11、13、14、16、18、19、20、22、24、30、32
平衡回液的压力和流量突然增加或减少	2、4、13、17、19、20、21、30、36

表 7-2　故障原因及修理方法

序号	故障原因	修理方法
1	泵没有正确排气，吸入管路上有气泡，吸入端有气泡	打开排气阀或压力表排气螺丝，打开机械密封冲洗管路排气阀，并检查管路铺设情况，以保证液体平稳流动
2	泵和吸入管路没有注满液体	向泵和管道再灌入液体，彻底排净空气，检查管道铺设情况
3	吸入压力和汽化压力之间压差不够，达不到需要的NPSH值（观察压差减少量）	检查吸入管上的吸入阀和过滤器，保证测量准确，然后与泵厂家商榷
4	吸入口过滤器阻塞	清洗检查过滤器或更换过滤器

序号	故障原因	修理方法
5	旁通管的最小流量过大	检查电机转速,再检查旁通管路
6	转速超过规定转速	检查电机转速
7	倒转	互换电机相位
8	系统要求的扬程超过泵所能产生的扬程	增加转速,安装直径较大的叶轮,增加级数,询问厂方
9	系统要求的扬程低于泵产生的扬程	用吐出阀调整压力,调整转速,改变叶轮直径,询问厂方
10	被输送的液体密度与原规定的数据不符	检查被输送液体的温度,按第9点方法进行
11	在非常低的流量下运行	核实泵的最小流量,询问厂方
12	电机等配套机械质量问题	检查每个电机的情况,询问厂方
13	叶轮上有异物堵塞	清洗泵,检查吸入系统和过滤器情况
14	泵机没对中、对中不准或基础位移	冷态时,把泵重新对中
15	其它机器对基础产生的共振和干扰	询问厂方
16	轴弯	更换新轴,决不允许用重新校直轴
17	转动部件与静止部件碰撞,泵运转不平稳	检查平衡装置情况,必要时拆泵
18	轴承磨损严重	检查泵平稳运行情况,当泵冷态时,查联轴器对中,检查油质、油量、油压、温度、纯净度
19	壳体密封环严重磨损	换新环,检查转子同心度,检查泵体有无异物
20	叶轮损坏或破裂	换新叶轮,检查吸入扬程(汽蚀)情况,检查系统内有无异物
21	壳体密封不合格(在节流间隙处内部损失过多,由于磨损,转子间隙过大),以至引起过分损失,或者水通过中段渗漏	更换损坏部件
22	机械密封环的摩擦面严重磨损或划破,"O"形圈损坏	更换坏件,检查转子部件同心度,检查材质是否适合。查密封部件位置有无渗漏
23	密封安装不当,材料不合适	精心组装密封,检查材质是否合适
24	由于轴承磨损或由于轴对中不好,引起轴振动	冷态对中联轴器,换新轴承,查转子磨损痕迹
25	转子振动	检查吸入压力(汽蚀),联轴器对中,泵内无异物
26	密封间隙表面的压力过高,没有合适的润滑和冲洗液体	测量新机械密封部件,询问厂方
27	机械密封冲洗液供应不足	检查管路是否畅通
28	冷却室和挡套之间间隙过大	换用新的挡套或冷却室里新衬套
29	机械密封冲洗管路的脏物引起机械密封环摩擦面划伤	检查机械密封腔是否清洁,检查过滤器
30	轴向推力过大	检查平衡装置和转子间隙
31	轴承体里的油量过多或不足,冷却不够、油不符、油质太脏、油中进水	检查油的质量和数量
32	轴承组装故障(组装过程中碰损,组装不符合要求,使用两个不匹配的轴承)	检查轴承部件有无损坏痕迹,然后把它们正确地组装在一起,从油视镜看供油情况
33	轴承中有脏物	彻底清洗轴承、轴承体、供油管路、油箱,检查轴承油封情况

续表

序号	故障原因	修理方法
34	轴承中进水	除掉轴承和轴承体上的锈斑,在油室内涂防锈漆,检查轴承封油环间隙,换油
35	当周围的空气湿度过高的时候,过度的冷却,轴承体内会引起水凝结	监视轴承体温度,用排气螺塞彻底排净轴承空气,把轴承温度调到60℃
36	平衡水回水管路上横截面变化,平衡装置部件过度磨损,平衡装置静止部件渗漏,平衡水管路压差过大	检查装置的效能,检查平衡回液管路,控制节流阀和其他阀门的效能。检查吸入压力和吐出压力,检查平衡装置的情况及转子间隙,在运行工况点时,平衡回液压力应略高于吸入压力,但不大于吸入压力的3%,特殊情况时要询问厂方

液下泵的开、停操作

一、开泵操作

A 级　操作提示框

初始状态 S_0
泵空气状态—隔离—机、电、仪及辅助系统准备就绪

1. 灌泵

稳定状态 S_1
泵具备开泵条件

2. 开泵

稳定状态 S_2
泵开泵运行

3. 启动后的调整和确认

最终状态 FS
泵正常运行

B 级　开泵操作

初始状态 S_0
泵空气状态—隔离—机、电、仪及辅助系统准备就绪

适用范围：长轴液下泵（冷油泵）。

初始状态：

(P)——泵的出口阀门、压力表及润滑系统等附件灵活好用

(P)——泵所属管线、阀门、法兰、联轴节、安全罩处于完好状态

(P)——地脚螺栓，电机接地线及法兰螺栓等紧固，泵零部件安装齐全、正确、牢固

(P)——各接合面及密封处无泄漏（大修后要检查出入口处盲板是否拆除）

(P)——按规定加上合格的润滑油脂

(P)——打开压力表阀门（压力表已经校验，开阀前应指示回零）

(P)——联系电工、检查电机绝缘合格、转向正确，并给泵送电

1. 灌泵

(P)——确认罐内已经有液体并达到一定高度

[P]——盘车 2～3 周

(P)——确认无卡碰现象

> **稳定状态 S_1**
> **泵具备开泵条件**

状态确认：泵体充满介质并无气体，机械密封无泄漏

2. 开泵

(P)——再次检查，确认出口阀门已关闭

[P]——与相关岗位操作员联系

[P]——按启动开关，启动电机

(P)——确认电机和泵的转动方向正确

(P)——确认电机不允许超过额定电流

(P)——检查各部位润滑、温度、声音及机械密封泄漏等情况

(P)——确认憋压时间不超过 1min

[P]——当泵出口压力稳定时，缓慢打开出口阀门，直至全开

[P]——按工艺要求控制好流量和压力

> **稳定状态 S_2**
> **泵开泵运行**

状态确认：泵出口压力稳定，电机电流在额定值以下。

3. 启动后的调整和确认

(P)——确认泵的振动正常

(P)——确认轴承温度正常

(P)——确认无泄漏

(P)——确认电动机的电流正常

（P）——确认泵出口压力稳定

最终状态 FS
泵正常运行

状态确认：泵运转无异常声响，轴承振动、温度正常，无泄漏。

4. 最终状态确认

（P）——泵出口阀开
（P）——泵出口压力在正常稳定状态
（P）——动静密封点无泄漏

二、停泵操作

A 级　操作提示框

初始状态 S_0
泵正常运行
---

1. 停泵

稳定状态 S_1
泵停运
---

2. 备用

最终状态 FS
泵备用

B 级　停泵操作

初始状态 S_0
泵正常运行

适用范围：液下泵（冷油泵）。

初始状态：

（P）——泵出口阀开
（P）——泵在运转

1. 停泵

［P］——逐渐关闭泵的出口阀门，直至完全关闭
［P］——按动停止开关，停止电机运转
［P］——定时盘车

稳定状态 S_1
泵停运
---

2. 备用

```
最终状态 FS
泵备用
```

3. 紧急停泵

遇到下列情况之一者，则须紧急停泵处理：

① 出现串轴，抱轴或轴承烧坏现象；

② 密封严重泄漏；

③ 电机超温冒烟及跑单相；

④ 因工艺或操作需要；

⑤ 停电。

[P]——按停止开关，并立即关泵出口阀门

[P]——其余步骤按正常停泵处理

三、操作指南

泵的日常检查与维护：

① 检查泵的出口压力和流量是否符合工艺要求；

② 检查电机运行情况，电机轴承温度≤65℃电机不超过额定电流；

③ 经常检查机泵润滑情况是否良好，轴承箱压盖及丝堵无漏油现象；

④ 电机和泵体无异常声音，无振动；

⑤ 检查密封处其他部位应无泄漏，机械密封重质油≤5 滴/min，轻质油≤10 滴/min；

⑥ 按时巡回检查和填写机泵运行记录；

⑦ 保持泵区和泵的卫生。

单元 三
高压注水泵的开、停与切换操作

一、开泵操作

A 级　操作提示框

```
初始状态 S₀
高压注水泵空气状态—隔离—机、电、仪及辅助系统准备就绪
```

1. 开泵前的准备

（1）泵体检查
（2）电机送电

> 稳定状态 S_1
> 高压注水泵具备灌泵条件

2. 灌泵

> 稳定状态 S_2
> 高压注水泵具备启动条件

3. 启泵

> 稳定状态 S_3
> 高压注水泵启动运行

4. 泵启动后确认和调整

（1）泵
（2）电动机
（3）工艺系统

> 最终状态 FS
> 高压注水泵处于正常运行状态

B 级　开泵操作

> 初始状态 S_0
> 高压注水泵空气状态—隔离—机、电、仪及辅助系统准备就绪

初始状态确认：
（P）——全面检查系统流程
（P）——检查机泵各部件齐全，安装牢固无泄漏，螺丝与接地线无松动
（P）——按规定加润滑油，润滑油液面为 $1/2\sim2/3$
（P）——检查入口管线过滤网，出口安全阀、压力表齐全符合要求，打开压力表阀门
（P）——盘车 $2\sim3$ 圈，确认无卡、碰现象，处于完好状态
（P）——联系电工检查电机绝缘符合要求，并给各机泵送电

> 稳定状态 S_1
> 高压注水泵具备灌泵条件

1. 灌泵

[P]——打开入口阀，检查关闭出口第二道阀门

[P]——打开出口第一道阀门和排空阀，排净入口管线和泵体内气体

[P]——关闭出口第一道阀门和放空阀

(P)——通知班长到现场，并与有关岗位联系，准备开泵

稳定状态 S_2
高压注水泵具备启动条件

状态确认：泵体充满介质并无气体，机械密封无泄漏。

2. 高压注水泵试车（新安装或大修后进行）

[P]——打开泵入口阀门、出口第一道阀门和排凝阀

(P)——确认第二道出口阀已关闭

[P]——调整电机调频电流至最小值

[P]——按启动按钮启动电机

[P]——缓慢关小出口放空阀，进行试压，压力达到出口压力的 1.2 倍即止

[P]——检查泵各部位有无问题，按停止按钮，停止电机运转

[P]——试车合格后，关闭第一道阀门及放空阀

3. 高压注水泵启泵

[P]——打开注水返回阀，或打开出口放空阀门

[P]——启动电机

[P]——缓慢关闭返回阀，或缓慢关闭放空阀，调节泵出口压力，当泵出口压力大于或等于系统压力时，迅速打开泵出口阀，同时关闭返回阀或放空阀

(P)——检查泵各部运转正常

[P]——观察变频自动调节压力是否在规定范围

注意：关闭出口返回阀或出口放空阀时，当关小到一定程度时，出口压力将上升很快，很难控制。因此，当出口返回阀或出口放空阀关到一定程度时，可以先打开出口阀，然后迅速关闭出口返回阀或出口放空阀，以防止超压使泵出口安全阀启跳或出现其他危险。实际操作启泵时，在出口阀没开之前，如果利用注水返回阀的细微调解，使泵出口压力可以控制在系统压力左右时，可以在此时再打开出口阀。此处需要在实际操作中进行摸索。

稳定状态 S_3
高压注水泵启动运行

状态确认：泵出口压力稳定，电机电流在额定值以下。

4. 启动后的调整和确认

（P）——确认泵的振动在指标范围内

（P）——确认轴承温度和声音正常

（P）——确认齿轮箱温度和声音正常

（P）——确认润滑油液面正常，品质合格

（P）——确认电动机的电流正常

（P）——确认泵入口压力稳定

（P）——确认泵出口压力稳定

（P）——确认泵出口安全阀没有起跳

［P］——调整泵出口流量

最终状态 S_4
高压注水泵处于正常运行状态

状态确认：泵运转无异常声响，轴承振动、温度正常，无泄漏。

5. 最终状态确认

（P）——泵入口阀全开

（P）——泵出口阀开

（P）——泵出口压力正常

（P）——泵出口流量正常

（P）——动静密封点无泄漏

二、停泵操作

A 级　操作提示框

初始状态 S_0
高压注水泵正常运行状态

停泵

最终状态 FS
高压注水泵停运

B 级　停泵操作

初始状态 S_0
高压注水泵正常运行状态

初始状态确认：

（P）——泵入口阀全开

（P）——泵出口阀全开

(P)——泵出口压力正常

(P)——泵出口流量正常

停泵：

(P)——确认泵出口单向阀可用

［P］—打开出口线上注水返回阀，或出口放空阀

［P］—切断电源，同时立即关闭泵出口阀

［P］—卸掉泵体内压力，然后关闭出口下第一道阀门及放空阀

> **最终状态 FS**
> **高压注水泵停运**

三、正常切换操作

A 级 操作提示框

> **初始状态 S_0**
> **在用泵处于运行状态，备用泵准备就绪，具备启动条件**

1. 启动备用泵

> **稳定状态 S_1**
> **高压注水泵具备切换条件**

2. 切换

> **最终状态 FS**
> **高压注水泵切换完毕**

B 级 切换操作

> **初始状态 S_0**
> **在用泵处于运行状态，备用泵准备就绪，具备启动条件**

初始状态确认：

① 在用泵：

(P)——泵入口阀全开

(P)——泵出口阀开

(P)——泵出口压力正常

(P)——泵出口流量正常

(P)——运转泵工作正常

② 备用泵：

(P)——润滑油液位正常

(P)——电机送电

1. 按开泵步骤开启备用泵

> **稳定状态 S₁**
> **高压注水泵具备切换条件**

状态确认：备用泵运行，密封无泄漏，出口压力正常平稳，电机电流正常。

2. 切换

[P]——打开原备用泵出口阀，关闭放空阀

[P]——打开原运转泵旁路阀，关闭出口阀

按停泵程序停运转泵（切换时注意压力和流量的变化不能太大）

> **最终状态 FS**
> **高压注水泵切换完毕**

状态确认：原备用泵正常运转，原在用泵停用。

四、操作指南

1. 正常检查和维护

① 检查泵、电机等各部位的运转情况。

② 检查泵出口压力、流量正常平稳。

③ 泵体无振动、撞击、摩擦等异常现象及各密封部位无泄漏。

④ 轴承温度≤70℃。

⑤ 检查润滑油液位正常，无变质、乳化等现象，要定期更换新油。

⑥ 备用机泵每天要盘车一次。

⑦ 认真检查，做好记录。

2. 常见故障及处理方法

（1）泵不能启动

原因一：电源一相或两相断电。

处理方法：检查电源供电情况及检查保险丝和线路接触是否良好。

原因二：排出阀未打开或排出管路堵塞。

处理方法：打开阀门或疏通排出管路。

（2）排出量不足或排量不稳定

原因一：吸入管径不合适或管内堵塞。

处理方法：选用合适的吸入管，消除管路中堵塞。

原因二：吸入高度过低。

处理方法：提高吸入液位，降低泵的高度。

原因三：吸入管漏气、漏压。

处理方法：修理泄漏处。

原因四：填料漏气、漏液。

处理方法：压紧压盖螺母或换填料。

原因五：安全阀密封不良。

处理方法：检查修理或更换。

原因六：电机转数不正常。

处理方法：检查电源电压。

（3）压力达不到要求

原因一：吸入与排出阀失灵。

处理方法：检查、更换排出阀。

原因二：填料或安全阀严重泄漏。

处理方法：拧紧压盖螺母或更换新填料，检修或更换安全阀。

（4）阀有剧烈的撞击声

原因：弹簧力减少或弹簧损坏。

处理方法：更换新弹簧。

（5）柱塞过度发热

原因一：填料压得过紧。

处理方法：调整压紧螺母。

原因二：填料磨损严重。

处理方法：更换新填料。

（6）传热部分过热或产生摩擦

原因一：润滑油不足。

处理方法：增添或更换润滑油。

原因二：连杆、曲柄、十字头有磨损或间隙过大。

处理方法：调整压盖间隙至适当。

原因三：轴承精度过低。

处理方法：更换新轴承。

单元四

贫溶剂泵的开、停与切换操作

一、开泵操作

A 级　操作提示框

初始状态 S_0
贫溶剂泵空气状态—隔离—机、电、仪及辅助系统准备就绪

1. 开泵前的准备

（1）泵体检查

（2）电机送电

稳定状态 S_1
贫溶剂泵具备灌泵条件

2. 灌泵

稳定状态 S_2
贫溶剂泵具备启动条件

3. 启泵

稳定状态 S_3
贫溶剂泵启动运行

4. 泵启动后确认和调整

最终状态 FS
贫溶剂泵处于正常运行状态

B 级　开泵操作

初始状态 S_0
贫溶剂泵空气状态—隔离—机、电、仪及辅助系统准备就绪

初始状态确认：

（P）——全面检查泵系统流程

（P）——检查机泵各部件齐全、安装牢固无泄漏，螺丝与接地线无松动

（P）——冷却水管线连接正确

（P）——联轴器护罩应安装牢固

（P）——按规定加 8L 润滑油，一边盘车，一边加油，加至油位达到距油标视镜观察孔顶部的 1/4 处，润滑油为壳牌 ATFIID 自动变速箱专用油

（P）——启动辅助油泵，运行 2～3min，检查低油位，调节油位调节套高度使低油位稳定在指示器的中线上，若达不到，可以补加润滑油，不宜过多，过多易产生雾化。辅助油泵正常工作油压：泵出口压力为 0.25～0.45MPa

（P）——检查入口管线过滤网，压力表齐全符合要求

(P)——盘车 2～3 圈，确认无卡、碰现象，处于完好状态

(P)——联系电工检查电机绝缘符合要求，并给各机泵送电

稳定状态 S_1
贫溶剂泵具备灌泵条件

---

1. 灌泵

[P]——打开各个仪表开关

[P]——打开入口阀

[P]——打开出口排气阀，排净泵体内气体后关闭

[P]——投用冷却水，无泄漏，供水满足要求

[P]——起动机械密封辅助控制系统

(P)——通知班长到现场，并与有关岗位联系，准备开泵

稳定状态 S_2
贫溶剂泵具备启动条件

状态确认：泵体充满介质并无气体，机械密封无泄漏。

2. 贫溶剂试车（新安装或大修后进行）

[P]——开泵前，打开润滑油系统排气阀，用手盘车 5～10 周（必须按箭头所示方向），然后关闭排气阀

[P]——打开泵入口阀门，并将出口阀稍开（切勿全部关闭主泵出口阀启动泵）

[P]——启动辅助油泵，运行 2～3min，检查低油位指示器的油位，低油位指示器中的油位稳定及辅助油泵出口压力达到正常油压

[P]——调整电机调频电流至最小值

[P]——按启动按钮启动电机

[P]——当主油泵油压达到设定值后，压力开关会按要求令辅助油泵自动停机，进入正常运转，否则应停机检修主油泵，排除故障后方可再次运行

[P]——当主泵转速达到额定值，确认压力已经上升之后，在 60s 内均匀地打开出口阀，调至需要的工况，以免流速突变，入口管路抽空

[P]——在机组已经运行了足够长的时间，达到正常的操作温度和条件后，应停车，进行热对中检查

[P]——检查泵各部位无问题，按停止按钮，停止电机运转

[P]——关闭泵出口阀

3. 贫溶剂泵启泵

[P]——开泵前，打开润滑油系统排气阀，用手盘车 5～10 周（必须按箭头所示方

向），然后关闭排气阀

[P]——打开泵入口阀门，并将出口阀稍开（切勿全部关闭主泵出口阀启动泵）

[P]——启动辅助油泵，运行 2～3min，检查低油位指示器的油位。待低油位指示器中的油位稳定及辅助油泵出口压力已达到正常油压，PI6102 值大于 0.1MPa

[P]——调整电机调频电流至最小值

[P]——按启动按钮启动电机

[P]——当主油泵油压达到设定值后，压力开关会按要求令辅助油泵自动停机，进入正常运转，否则应停机检修主油泵，排除故障后方可再次运行

[P]——当主泵转速达到额定值，确认压力已经上升之后，在 60s 内均匀地打开出口阀，调至需要的工况，以免流速突变，入口管路抽空

[P]——在机组达到正常的操作温度和条件后，检查泵各部位

稳定状态 S₃
贫溶剂泵启动运行

状态确认：泵出口压力稳定，电机电流在额定值以下。

4. 启动后的调整和确认

(P)——确认泵的振动和噪声在指标范围内

(P)——确认轴承温度和声音正常

(P)——确认润滑油压力、温度、油位正常

(P)——确认泵的流量、出口压力正常

(P)——确认电动机的电流正常

(P)——确认泵入口压力稳定

(P)——确认泵各部的温升稳定

(P)——确认泵冷却水流量、压力及温度正常

(P)——确认机械密封泄漏正常

最终状态 FS
贫溶剂泵处于正常运行状态

状态确认：泵运转无异常声响，轴承振动、温度正常，无泄漏。

5. 最终状态确认

(P)——泵入口阀全开

(P)——泵出口阀开

(P)——泵出口压力正常

(P)——泵出口流量正常

(P)——动静密封点无泄漏

二、停泵操作

A 级　操作提示框

> 初始状态 S_0
> 贫溶剂泵处于正常运行状态

停泵

> 最终状态 FS
> 贫溶剂泵停运

B 级　停泵操作

> 初始状态 S_0
> 贫溶剂泵处于正常运行状态

初始状态：

(P)——泵入口阀全开

(P)——泵出口阀全开

(P)——泵出口压力正常

(P)——泵出口流量正常

停泵：

(P)——确认泵出口单向阀好用

[P]——缓慢关闭泵出口阀，但不要关死

[P]——切断电源及各种仪表开关

[P]——关闭进、出口阀

[P]——待泵冷却后再关闭冷却水管路

[P]——将泵内液体排空

> 最终状态 FS
> 贫溶剂泵停运

三、正常切换操作

A 级　操作提示框

> 初始状态 S_0
> 在用泵处于运行状态，备用泵准备就绪，具备启动条件

1. 启动备用泵

> 稳定状态 S_1
> 贫溶剂泵具备切换条件

2. 切换

```
最终状态 FS
贫溶剂泵切换完毕
```

B 级　切换操作

```
初始状态 S₀
在用泵处于运行状态，备用泵准备就绪，具备启动条件
```

初始状态确认：

① 在用泵：

(P)——泵入口阀全开

(P)——泵出口阀开

(P)——泵出口压力正常

(P)——泵出口流量正常

(P)——运转泵工作正常

② 备用泵：

(P)——辅助油泵出口压力已达到正常油压，PI6101 值大于 0.1MPa

(P)——润滑油液位正常

(P)——电机送电

1. 按开泵步骤开启备用泵

```
稳定状态 S₁
贫溶剂泵具备切换条件
```

状态确认：备用泵运行，密封无泄漏，出口压力正常平稳，电机电流正常。

2. 切换

[P]——按启动泵程序启动备用泵

[P]——两泵进行等负荷切换

(P)——确认后启动泵运行正常

[P]——停原运行泵，关闭泵出口阀

按停泵程序停运转泵（切换时注意压力和流量的变化不能太大）

```
最终状态 FS
贫溶剂泵切换完毕
```

状态确认：原备用泵正常运转，原在用泵停用。

四、操作指南

1. 正常检查和维护

① 检查泵、电机等各部位的运转情况；

② 检查泵出口压力、流量正常平稳；

③ 泵体无振动、撞击、摩擦等异常现象及各密封部位无泄漏；

④ 轴承正常；

⑤ 检查润滑油液位正常，无变质、乳化等现象，要定期更换新油；

⑥ 备用机泵每天要盘车一次；

⑦ 认真检查，做好记录；

⑧ 检查泵电流正常；

⑨ 检查泵机械密封泄漏正常。

2. 数据表

① 入口压力：0.3MPa；

② 出口压力：6.4MPa；

③ 正常流量：26m³/h；

④ 泵型号：GSB-L1-26/628；

⑤ 电机功率：110kW；

⑥ 电机转速：2980r/min；

⑦ 泵扬程：628m；

⑧ 使用润滑油牌号：壳牌 ATFIID 自动变速箱专用油。

3. 常见故障及处理方法

故障及解决方法见表7-3。

表7-3　故障及解决方法

故障	原因	解决方法
流量不足，压力不够，或液位低	①转速过低 ②泵吸入管内未灌满液体，留有空气 ③入口压力过低或吸程过高，超过规定 ④转向不对 ⑤吸入管、排气管、叶轮内积有异物 ⑥叶轮腐蚀或磨损严重	①检查电源电压 ②全开入口阀，向泵内灌满液体，排除吸入管路漏气点，放尽气体 ③检查液位高度，必要时降低安装高度 ④按转向牌要求改正转向 ⑤清除异物 ⑥更换叶轮
启动后泵断流	①供液不足 ②泵汽蚀 ③介质中有空气或蒸汽	①保证入口阀全开 ②检查液位高度，增加入口压力，排除入口管和过滤器堵塞 ③检查并排除入口系统漏气点

续表

故障	原因	解决方法
流量、扬程不符合要求	①泵汽蚀 ②流量太大,压力过低 ③流量太小液体过热而汽化 ④压力表和流量计失准 ⑤诱导轮、叶轮损坏 ⑥扩压器喉部堵塞	①同上 ②检查出口阀操作是否有误,是否为虚扣,关小调节阀 ③开大调节阀增大流量 ④检查并校核仪表 ⑤更换相应零件 ⑥清除异物
出口压力波动过大	①流量太小 ②泵汽蚀 ③调节阀故障	①增大流量 ②同上 ③检查并修理
泵振动及噪声	①流量过小 ②泵汽蚀 ③吸入管路进气 ④零部件松动 ⑤泵和电机轴不同心 ⑥泵轴弯曲或磨损过多 ⑦轴承损坏 ⑧叶轮内异物造成不平衡 ⑨基础不完善 ⑩地脚螺钉松动	①加大流量 ②同上 ③排除吸入管路漏气点,放尽气体 ④上紧螺母或更换零部件 ⑤检查对中性并处理 ⑥校直或更换 ⑦检查更换 ⑧去除异物 ⑨完善基础 ⑩拧紧螺钉
电机超载	①超载信号错误 ②转速太高 ③接线错误,两相运行,网络电压下降 ④介质密度和黏度过大 ⑤泵轴卡住或转动部件卡入异物,转动不灵 ⑥泵轴弯曲或泵轴与电机轴不同心	①检查操作控制信号 ②按电机说明书检查 ③检查电机电源及接线状态 ④检查电机额定条件 ⑤检查转动部件有无异物,更换引起故障的部件 ⑥校正泵轴
润滑油泵不上压或压力偏低	①油泵有漏气处 ②油路中有气堵 ③系统管路装配不完善,有泄漏点 ④油泵损坏,内部间隙过大 ⑤径向轴承间隙过大 ⑥油温过高	①检查排除泄漏处 ②放气 ③检查各密封点,排除泄漏点 ④排除或更换油泵 ⑤更换轴承 ⑥改善冷却
润滑油泵压力偏高或运转中油压不断升高	①油脏,过滤器堵塞 ②油进水,油液乳化	①彻底清洗箱体,换油,换过滤器,清洗冷却器 ②检查冷却器泄漏点,若机封损坏,应更换受损部件
油温过高	①润滑油品牌不当 ②冷却水流量不足 ③冷却水脏 ④油污染 ⑤低油位过高,搅动	①换规定牌号的润滑油 ②检查冷却器冷却水进出口两端压差,增大冷却水流量 ③检查水质,并排除 ④检查冷却器是否漏水,过滤器有无破损,换油;换过滤器、冷却器 ⑤调低油位

续表

故障	原因	解决方法
密封泄漏超标	①泵汽蚀振动 ②动、静环破裂 ③动、静环腐蚀 ④动、静环磨损严重或密封面划伤 ⑤弹簧腐蚀,弹力不够	①消除泵的汽蚀 ②更换动、静环 ③更换新材料 ④换新密封环或重新研磨 ⑤换新弹簧

习题与思考

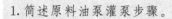

1. 简述原料油泵灌泵步骤。

2. 简述泵具备切换的条件。

3. 简述泵的日常检查与维护内容。

4. 简述造成泵振动和产生噪声的原因。

模块八

实际生产冷换设备的操作

任务目标
1. 知识目标
   了解空冷管束在使用过程的安全与注意事项；
   掌握换热器和空冷风机的操作过程。
2. 能力目标
   能阐述换热器和空冷风机的投用操作步骤；
   能阐述换热器和空冷风机的切除操作步骤。
3. 素质目标
   培养学生将所学知识与实际应用结合的意识和能力；
   培养学生严谨认真的工作态度、执行操作规程的责任意识。

教学条件 ≫

　　汽柴油加氢实物仿真实训室或企业加氢车间，或安装有汽柴油加氢仿真软件的机房。

教学环节 ≫

　　学习实际生产冷换设备的安全使用及操作步骤，完成实训任务。

教学要求 ≫

　　根据教学目标，能阐述换热器拆盲板，换热器置换操作过程，能进行换热器投用、换热器投用后的检查和调整。进行空冷风机的投用和切除操作。

单元 一

换热器的投用与切除

一、换热器的投用操作

投用操作（A级）

> 初始状态 S_0
> 换热器处于空气状态—隔离

1. 换热器拆盲板

> 稳定状态 S_1
> 换热器盲板拆除

2. 换热器置换

> 稳定状态 S_2
> 换热器置换合格

3. 换热器投用

> 稳定状态 S_3
> 换热器投用

4. 换热器投用后的检查和调整

> 最终状态 FS
> 换热器正常运行

投用操作（B级）

> 初始状态 S_0
> 换热器处于空气状态—隔离

适用范围：单台或一组换热器。

流动介质：循环水、软化水、蒸汽、液体碳氢化合物、气体等。

初始状态确认：

（P）——换热器检修验收合格

（P）——换热器与工艺系统隔离

（P）——换热器密闭排凝线隔离

（P）——换热器放火炬线隔离

（P）——换热器放空阀和排凝阀的盲板或丝堵拆下，阀门打开

（P）——换热器蒸汽线、N_2线隔离

（P）——压力表、温度计安装合格

（P）——换热器周围环境整洁

（P）——消防设施完备

1. 换热器拆盲板

(P)——确认换热器放火炬阀、密闭排凝阀、冷介质出入口阀，热介质出入口阀关闭；蒸汽、N_2 吹扫置换线手阀及其他与工艺系统连接阀门关闭

[P]——拆换热器放火炬线盲板

[P]——拆换热器密闭排凝线盲板

[P]——拆换热器冷介质入口、出口盲板

[P]——拆换热器热介质入口、出口盲板

[P]——拆吹扫、置换蒸汽、N_2 线盲板

[P]——拆其他与工艺系统连线盲板

状态确认：拆除换热器各盲板，将换热器连入系统。

注意：换热器拆除盲板后，用置换介质做一次法兰的气密试验。

稳定状态 S_1
换热器盲板拆除

2. 换热器置换

[P]——确认换热器管、壳程高点放空阀和低点排凝阀打开

[P]——缓慢打开壳程放空阀和排凝阀

[P]——缓慢打开管程 N_2 阀门

[P]——确认管程放空阀和排凝阀通气

[P]——换热器管、壳程采样分析

(P)——确认管、壳程置换合格

[P]——关闭管、壳程放空阀和排凝阀

[P]——关闭管、壳程氮气阀

(P)——确认关闭管、壳程放空阀和排凝阀

稳定状态 S_2
换热器置换合格

状态确认：换热器管、壳程氮气置换合格。

3. 换热器投用

<P>——现场准备好随时可用的消防蒸汽胶带

<P>——投用有毒有害介质的换热器，佩戴好防护用具

（1）填充冷介质

[P]——确认好换热器冷介质旁路阀打开

[P]——稍开换热器冷介质出口阀

[P]——稍开换热器放空阀（不允许外排的介质，稍开密闭放空阀）

（P）——确认换热器充满介质

［P］——关闭放空阀（或密闭放空阀）

注意：对于沸点低的介质，填充介质过程中要防止换热器冻凝。

> **不允许外排的介质**
> （1）有毒、有害的介质
> （2）温度高于自燃点的介质
> （3）易燃、易爆的介质

（2）投用冷介质

［P］——缓慢打开换热器冷介质出口阀

［P］——缓慢打开换热器冷介质入口阀

［P］——缓慢关闭换热器冷介质旁路阀

（3）填充热介质

（P）——确认换热器介质旁路阀打开

［P］——稍开换热器热介质出口阀

［P］——稍开换热器放空阀（不允许外排的介质，稍开密闭放空阀）

（P）——确认换热器充满介质

［P］——关闭放空阀（或密闭放空阀）

（4）投用热介质

［P］——缓慢打开换热器热介质出口阀

［P］——缓慢打开换热器热介质入口阀

［P］——缓慢打开换热器热介质旁路阀

> **稳定状态 S_3**
> **换热器投用**

状态确认：换热器内充满介质且无泄漏。

（5）换热器投用后的检查和调整

（P）——确认换热器无泄漏

［P］——按要求进行热紧

［P］——检查调整换热器冷介质入口和出口温度、压力、流量

［P］——检查调整换热器热介质入口和出口温度、压力、流量

［P］——吹扫换热器，置换蒸汽线加盲板

［P］——吹扫换热器，置换 N_2 线加盲板

［P］——密闭排凝线加盲板

［P］——放火炬线或密闭放空线加盲板

［P］——放空阀和排凝阀加盲板或丝堵

（P）——确认换热器运行正常

［P］——恢复保温

状态确认：换热器管和壳层出入口温度、压力、流量正常。

4. 最终状态确认

[P]——换热器冷介质入口和出口温度、压力和流量正常

[P]——换热器热介质入口和出口温度、压力和流量正常

[P]——换热器密闭排凝线，密闭放空线加盲板

[P]——换热器排凝放火炬线加盲板

[P]——换热器放空阀、排凝阀加盲板或丝堵

[P]——换热器蒸汽、N_2 吹扫置换线加盲板

> **最终状态 FS**
> 换热器正常运行

二、换热器切除操作

切除操作提示框（A 级）

> **初始状态 S_0**
> 换热器正常运行

1. 换热器切除

> **稳定状态 S_1**
> 换热器切除

2. 换热器备用

（1）换热器热备用

（2）换热器冷备用

> **稳定状态 S_2**
> 换热器备用

3. 换热器交付检修

> **最终状态 FS**
> 换热器交付检修

切除操作（B 级）

> **初始状态 S_0**
> 换热器正常运行

适用范围：单台或一组换热器。

流动介质：循环水、软化水、蒸汽、液体碳氢化合物、气体等。

初始状态确认：

[P]——换热器冷介质入口、出口阀开

[P]——换热器热介质入口、出口阀开

[P]——换热器密闭排凝线盲板隔离

[P]——换热器放火炬线盲板隔离

[P]——换热器放空阀、排凝阀盲板或丝堵隔离

[P]——换热器蒸汽、N2 吹扫置换线盲板隔离

1. 换热器切除

[P]——打开热介质旁路阀

[P]——关闭热介质入口阀

[P]——关闭热介质出口阀

[P]——打开冷介质旁路阀

[P]——关闭冷介质入口阀

[P]——关闭冷介质出口阀

稳定状态 S_1
换热器切除

状态确认：换热器与系统断开，管、壳层内充满介质。

2. 换热器备用

（1）热备用

[P]——打开冷介质出口阀

[P]——稍开冷介质入口阀

[P]——打开热介质出口阀

[P]——稍开热介质入口阀

(P)——确认换热器充满热介质

(P)——确认热介质无冻凝、无汽化

（2）冷备用

[P]——关闭热介质出口阀

[P]——关闭热介质入口阀

[P]——关闭冷介质出口阀

[P]——关闭冷介质入口阀

[P]——拆换热器密闭排凝阀线盲板

[P]——拆换热器放火炬线盲板

[P]——拆换热器蒸汽线、N_2 线盲板

[P]——拆换热器放空阀、排凝阀丝堵或盲板

[P]——吹扫蒸汽排凝

［P］——打开热介质密闭排凝阀或打开放火炬阀

［P］——打开热介质侧的蒸汽或 N_2 阀

（P）——确认热介质侧吹扫，置换合格

［P］——关闭热介质侧蒸汽或 N_2 阀

［P］——打开热介质侧排凝阀和放空阀

（P）——确认冷介质侧吹扫，置换合格

［P］——关闭冷介质侧蒸汽或 N_2 阀

［P］——打开冷介质侧排凝阀和放空阀

注意：换热器置换时，防止超温超压，防止烫伤；泄压时，特别注意防冻凝，严禁有毒有害介质随意排放。

稳定状态 S_2
换热器备用

状态确认：换热器热备用时，管、壳层内有少量介质流过；换热器冷备用时管、壳层内没有介质，且氮气置换合格。

3. 换热器交付检修

［P］——换热器与工艺系统盲板隔离

［P］——换热器密闭排凝线盲板隔离

［P］——换热器放火炬线盲板隔离

［P］——换热器吹扫蒸汽线、氮气线盲板隔离

（P）——确认换热器排不凝气和放空阀打开

（P）——确认采样分析合格

最终状态 FS
换热器交付检修

状态确认：换热器与系统被隔离开。

单元 二
空冷风机系统的开、停操作

一、开机操作

A 级　操作提示框

初始状态 S_0
风机处于停运状态—隔离—机、电、仪及辅助系统准备就绪

1. 检查

> **稳定状态 S_1**
> 风机具备开机条件

2. 开机

> **稳定状态 S_2**
> 风机开机运行

3. 启动后的调整和确认

> **最终状态 FS**
> 风机正常运行

B 级　开机操作

> **初始状态 S_0**
> 风机处于停运状态—隔离—机、电、仪及辅助系统准备就绪

适用范围：空冷器及风机。

初始状态：

(P)——确认空冷管束安装完毕、试压合格

(P)——确认风机叶片安装牢固、角度适合

(P)——确认安全网安装完毕

(P)——确认水泵安装完毕，连接件紧固

[P]——联系电工、检查电机绝缘合格、转向正确，并给风机和泵送电

(P)——确认轴承部位已经加装润滑脂

1. 检查

[P]——盘车后启动风机

(P)——确认风机叶轮俯视为顺时针旋转

> **稳定状态 S_1**
> 风机具备开泵条件

2. 开风机

[P]——给风机盘车 2~3 圈

[P]——按风机启动开关，启动电机，注意观察电机和风机的转动方向正确

（P）——确认风向上吹

> 稳定状态 S_2
> 风机开机运行

3. 启动后的调整和确认

（P）——确认风机无异常声响和振动

（P）——确认风机回转部件无过热和松动

[P]——每三个月给风机轴承加一次润滑脂

（P）——确认电机电流不超标

> 最终状态 FS
> 风机正常运行

状态确认：运转无异常声响，轴承振动、温度正常，无泄漏。

二、停机操作

A 级　操作提示框

> 初始状态 S_0
> 风机正常运行

1. 停机

> 稳定状态 S_1
> 风机停运

2. 备用

> 最终状态 FS
> 风机备用

B 级　停机操作

> 初始状态 S_0
> 风机正常运行

适用范围：空冷器及风机。

初始状态：

（P）——确认风机在运转

1. 停机

[P]——按动风机停止开关，停止风机电机运转

> **稳定状态 S_1**
> **风机停运**

2. 备用

> **最终状态 FS**
> **风机备用**

3. 紧急停机

遇到下列情况之一，则须紧急停机处理。

① 出现串轴、抱轴或轴承烧坏现象；

② 密封严重泄漏；

③ 电机超温冒烟及跑单相；

④ 因工艺或操作需要；

⑤ 停电。

[P]——按停止开关

三、操作指南

1. 使用安全与注意事项

（1）空冷管束

① 管束不能超温、超压；

② 升温升压要缓慢；

③ 先开风机，后进介质；

④ 停车时，用低压蒸汽吹扫并排净凝液，以免管束冻裂或腐蚀；

⑤ 检查无泄漏。

（2）风机

① 试车时检查所有安装件安装完毕并紧固，风机严禁一次性启动，需逐渐做瞬时启动，各部件正常后可连续试运转，一小时后停车检查各部位，确认无异常既可投入使用；

② 检修后检查保证风机转向从电机向风机为顺时针旋转；

③ 风机角度不能超过规定值，以防电机过载；

④ 电机轴承温度不能超过 95℃；

⑤ 冷态电机允许连续启动 2 次，时间间隔大于 1min，热态只允许启动 1 次，热态启动后的下一次启动时间为 4 小时后。

2. 维护保养

① 一般运行 3 个月，风机轴承要加入锂基润滑脂；
② 定期检查泵叶轮磨损情况，严重时更换叶轮；
③ 风机电机运行半年检查一次轴承，750～1500h 加一次油；
④ 冬季注意水线及水泵等处的防冻问题。

3. 故障原因及处理

风机故障及排除方法见表 8-1。

表 8-1 风机故障及排除方法

现象	产生原因	排除方法
电流计指示异常	叶轮角度异常变化	校正安装角后紧固
	叶轮平衡破坏	补校平衡
	皮带松动跳槽	调整皮带张紧力
传动部件异常振动	驱动部件螺钉松动	紧固松动部位螺钉
	旋转机构偏心	调整偏心
运动部件有异常声音	轴承磨损	更换轴承
	缺少润滑油	补充润滑油
	回转部件与固定部件接触	调整相反位置
	紧固螺钉松动	拧紧螺钉
回转部件过热	缺少润滑油	补充润滑油
	回转部位与非回转部位接触摩擦	调整间隙

习题与思考

1. 描述换热器的切除步骤。

2. 简述空冷管束在使用过程中的安全与注意事项。

3. 简述换热器备用时要特别注意的事项。

模块九

公用工程系统的操作

任务目标
1. 知识目标
了解原料油过滤器反冲洗操作过程；
了解油雾系统开停机与切换操作过程；
了解高压玻璃板液面计操作过程；
了解伴热系统和凝结水系统的操作过程；
掌握原料油过滤器和热工系统的投用和切除操作。
2. 能力目标
能阐述原料油过滤器和热工系统的投用及切除步骤；
能对设备操作中的异常现象进行因素分析。
3. 素质目标
培养学生将所学知识与实际应用结合的意识和能力；
培养学生严谨认真的工作态度、执行操作规程的责任意识。

教学条件 ≫

汽柴油加氢实物仿真实训室或企业加氢车间，或安装有汽柴油加氢仿真软件的机房。

教学环节 ≫

学习原料油过滤器反冲洗、油雾系统、高压玻璃板液面计、伴热及凝结水系统等公用工程系统的操作过程，完成实训任务。

教学要求 ≫

根据教学目标，练习原料油过滤器和热工系统的投用及切除步骤，并能够对设备操作中的异常现象进行影响因素分析。

在炼油工业中，自动反冲洗过滤器用作加氢裂化、加氢改质、加氢精制及脱硫等装置中反应器的前置过滤器时，可以有效地防止催化剂床层堵塞，减少频繁的工人切换操作和繁重的过滤器清洗工作，避免不必要的停工，从而保护了价格昂贵的催化剂，延长了装置的操作周期，降低了产品的生产成本，有显著的经济效益。

单元 一
原料油过滤器的操作

一、工艺描述

该过滤器可按处理量、物流流动性能等工艺参数进行系统产品设计及选型。

本系统为共有 3 列（共 12 组）并联的过滤组件元件的自动反冲洗过滤器。当过滤器处于反冲洗工作状态时，只有 1 组过滤元件为反冲洗，另 11 组过滤元件为正常过滤。当原料油流经装有滤芯的过滤容器时，颗粒物逐渐沉积并聚集在滤芯外表面区域形成滤饼。随着滤饼厚度的增加，液流越来越难以穿过滤芯，压差增大，当压差或 PLC（可编程逻辑控制器）系统设定的定时时间达到预先的设定值时，PLC 系统输出信号将对过滤器内的 1 组进行反冲洗。首先关闭该组的原料油进口阀；接着快速打开反冲洗阀，利用滤后的干净滤液从过滤器顶部到过滤器底部形成一个压迫流，将滤芯表面的滤饼脱掉，卸下的滤饼全部排入器外污油接收罐；然后关闭该组的反冲洗阀，打开进口阀，使其进入正常的过滤状态。依次进行，将过滤器的所有过滤元件均冲洗一次，使整套过滤器处于正常的过滤状态，等待下次的信号。

自动反冲洗过滤器是由过滤容器、切换阀、PLC 等部件组成的系统。它的主要特点是可以自动反冲洗，并且在任意反冲洗期间，只有 1 组过滤元件处于反冲洗，而另 11 组过滤元件一直处于在线工作，可以不间断地过滤原料介质。本系统同时能与 DCS 进行互相通信，通信接口为 RS485、MODBUS RTU 通信协议。

过滤器按列整体到达现场，总计为 3 列。

二、设备描述

自动反冲洗过滤器采用 PLC 系统控制，共设计为 3 列 12 组。其中包括：

① DN200 双联滤壳 12 组及内部 316L 过滤元件；

② 所有自控阀门、执行机构及附件；

③ 过滤器安装框架；

④ 检测仪表、仪表接线箱、PLC 等部分组成。

三、投用及停用操作

1. 首次投用前的确认

（P）——确认防爆仪表箱供风压力在正常范围内

(P)——确认过滤器控制板上的断路器已经通电

(P)——确认过滤器控制柜上的触摸屏电源处于 ON 位置

(P)——确认仪表箱显示屏工作正常，且冲洗程序设定完毕

(P)——确认现场 24 个气动球阀开关灵活好用

(P)——确认反冲洗气动球阀及排油气动球阀为关闭状态

(P)——确认过滤器出、入口截止阀关闭

(P)——确认反冲洗污油罐 V9303 及污油泵 P9303 具备使用条件

(P)——确认过滤器前后压差表已投用

2. 原料油过滤器投用

[P]——打开过滤器组的副线阀

(P)——确认 P9100A/B 已经启动，向 V9101 进油

[P]——缓慢打开过滤器入口阀（防止刚开始进油时滤芯被过高的油压打碎）

[P]——缓慢打开过滤器出口阀

[P]——依次将三组过滤器投用完毕

[P]——关闭过滤器组的副线阀

[P]——确认过滤器进行手动反冲洗操作，且程序运行正常

[P]——确认过滤器压差在 0.15MPa 以下

3. 日常反冲洗操作说明

在日常生产中，过滤器为全自动状态，其前后压差为反冲洗的第一触发条件，通常将压差设置在 0.15MPa。

时间为第二触发条件，其设定值是在压差触发条件冲洗周期的平均值上再延迟 1h。压差触发条件的冲洗周期一般在 6h 左右，其目的是防止压差信号长时间假值，造成过滤器无法正常工作。

第三触发条件为手动冲洗，即到现场操作台上按下"人工强制反冲"按钮，这是"自动运行"时强制手动反冲洗控制按钮，按住"人工强制反冲"按钮 2s 以上有效，且必须在自动方式下按才有效。

4. 原料油过滤器停用

如过滤器发生故障，需要停用则：

[P]——进入手动状态下处理

[P]——打开过滤器副线阀

[P]——关闭过滤器出、入口阀

[P]——打开排污气动球阀，将油排出

[P]——冬季注意防冻防凝工作

注意：某些故障一定要在手动状态下处理时，则先按停止按钮，等故障处理完成后再进入自动状态，然后按启动按钮使系统重新运行。

四、正常调整

影响原料油过滤器的因素及调节方法见表 9-1。

表 9-1 影响原料油过滤器的因素及调节方法

影响因素	调节方法
原料油温度低	提高原料油温度
处理量大	适当降低处理量
原料油中汽柴油比例高	调整原料油中汽柴油比例合适
原料油中杂质及胶质含量高	与调度联系,说明原因
原料油终馏点升高	与调度联系,说明情况

五、异常现象处理

原料油过滤器异常现象、原因及调节方法见表 9-2。

表 9-2 原料油过滤器异常现象、原因及调节方法

现象	原因	调节方法
过滤器前后压差增大,冲洗不下来	过滤器堵塞	清洗过滤器

单元 二
油雾系统开停机与切换操作

一、油雾系统开机操作

A 级 操作提示框

初始状态 S_0
油雾系统处于空气状态－隔离－机、电、仪及辅助系统准备就绪

1. 开泵准备

稳定状态 S_1
油雾系统具备装油条件

2. 灌泵

稳定状态 S_2
油雾系统具备开机条件

3. 启泵

> **稳定状态 S_3**
> 油雾系统运行

4. 自启动试验

> **稳定状态 S_4**
> 油雾系统 A/B 自启动试验合格

5. 启动后的检查和调整

（1）仪表风系统的检查
（2）油管路检查
（3）油雾系统各分支检查和调整

> **最终状态 FS**
> 油雾系统正常运行

B 级　开机操作

> **初始状态 S_0**
> 油雾系统处于空气状态－隔离—机、电、仪及辅助系统准备就绪

适用范围：油雾系统。
初始状态：
（P）——确认仪表风压力正常
（P）——确认仪表风线连接好
（P）——确认电磁阀安装到位
（P）——确认机泵油雾管线正常
（P）——确认仪表投用

1. 准备

（P）——确认凝缩嘴安装正确
（P）——确认油雾发生头和油雾混合器正常
（P）——确认油箱干净
（P）——确认现场压力表投用
（P）——确认生雾、喷射调节器好用

> **稳定状态 S_1**
> 油雾系统具备装油条件

状态确认：压力表投用正常。

2. 装油

[P]——向主油箱内装入 46 号汽轮机油

[P]——打开仪表风总阀

[P]——打开仪表风 A 路阀

[P]——打开仪表风 B 路阀

[P]——关闭仪表风 A 路电磁阀副线阀

[P]——关闭仪表风 B 路电磁阀副线阀

[P]——设定生雾压力为 0.2～0.4MPa

[P]——设定喷射压力为 0.3～0.4MPa

提示卡
确认好润滑油为 46 号汽轮机油进行加注

稳定状态 S_2
油雾系统具备开机条件

状态确认：油箱加油。

3. 启动

[P]——打开断路器开关，DCS 自动投入运行（默认 A 系统工作）

[P]——仪表风温度上限设定 50℃、下限设定 20℃

[P]——检查油雾发生器油箱液位正常

[P]——检查油雾发生器视窗内出油管是否有油连续或间断流出

(P)——确认凝缩嘴的出雾情况正常

稳定状态 S_3
油雾系统运行

状态确认：生雾压力、喷射压力正常。

4. 自启动试验

(P)——确认 A 路油雾发生器油箱液位正常

(P)——确认油雾系统运行正常

[P]——将 B 路油雾发生器油箱液位降低

(P)——确认气泵启动向 B 油箱加油

稳定状态 S_4
油雾系统 A/B 自启动试验合格

状态确认：气泵自启与低液位信号相符。

5. 启动后的检查和调整

（1）仪表风

（P）——确认仪表风过滤器正常

（P）——确认仪表风压力正常

（P）——确认仪表风无泄漏

（P）——确认仪表风电磁阀副线阀关闭

（2）油管路检查

（P）——确认油箱液位、温度正常

（P）——确认油雾喷射头喷油正常

（P）——确认每三分钟喷射一次

（P）——确认油雾混合器喷雾正常

（P）——确认油管路无泄漏

（3）工艺系统

（P）——确认各机泵油雾分配器视窗油雾流动正常

（P）——确认油箱顶部排气孔有油雾排除

最终状态 FS
油雾系统正常运行

状态确认：生成油雾正常。

6. 最终状态确认

（P）——确认仪表风压力、温度正常

（P）——确认电磁阀带电

（P）——确认生雾压力正常

（P）——确认喷射压力正常

（P）——确认油系统无泄漏

（P）——确认油箱液位正常

（P）——确认蓝灯闪

二、油雾系统停机操作

A 级   操作提示框

初始状态 S_0
油雾系统正常运行

---

1. 停油雾系统

备用

稳定状态 S_1 油雾系统备用

2. 油雾系统隔离、排空

最终状态 FS 油雾系统交付检修

B 级　停机操作

初始状态 S_0 油雾系统正常运行

适用范围：油雾系统。

初始状态：

（P）——确认全部油雾润滑机泵关停

（P）——确认油雾系统生雾正常

（P）——确认油雾系统无泄漏

（P）——确认仪表风压力正常

1. 停电

[P]——关闭电源开关

备用：

（P）——确认油箱液位正常

（P）——确认生雾压力设定正确

（P）——确认喷射压力设定正确

（P）——确认仪表风手阀开

稳定状态 S_1 油雾系统备用

状态确认：油雾系统停止运转，备用时，保持润滑油液位正常。

2. 油雾系统隔离、排空

[P]——关闭仪表风阀门

[P]——打开各润滑点阀门排油

[P]——关闭各润滑点阀门

[P]——打开油箱排油阀

(P)——确认油箱、管路排油干净

(P)——确认仪表风阀关闭

(P)——确认油雾系统隔离

最终状态 FS 油雾系统交付检修

状态确认：油雾系统排放干净，油雾系统与其它系统隔离。

3. 最终状态确认

(P)——确认油雾系统与其它系统隔离

(P)——确认油箱、管路排油干净

(P)——确认电源开关关闭

三、油雾系统切换操作

A 级　操作提示框

初始状态 S_0 在用系统处于运行状态，备用系统准备就绪，具备启用条件

1. 切换操作

稳定状态 S_1 油雾系统切换完毕

2. 切换后的调整和确认

运转系统

停用系统

最终状态 FS 备用系统启运后正常运行，原在用系统停用

B 级　切换操作

初始状态 S_0 在用泵系统处于运行状态，备用系统准备就绪，具备启用条件

初始状态确认：

① 运转系统：

(P)——确认生雾压力正常

（P）——确认喷射压力正常

（P）——确认油系统无泄漏

（P）——确认油箱液位正常

② 备用系统：

（P）——确认油箱液位正常

（P）——确认生雾压力设定正确

（P）——确认喷射压力设定正确

（P）——确认仪表风手阀开

1. 切换操作

［P］——在油雾润滑触摸屏上进行切换

> **提示卡**
> **出现下列情况停止切换：异常泄漏、生雾喷射头无油喷出**

（P）——确认启动系统运行正常

（P）——确认原运行系统关停

> **稳定状态 S_1**
> **油雾系统切换完毕**

状态确认：原备用油雾系统运转，生雾压力正常，喷射压力正常。

2. 切换后检查

（1）运转系统

（P）——确认生雾压力正常

（P）——确认喷射压力正常

（P）——确认油系统无泄漏

（P）——确认油箱液位正常

（2）停用系统

（P）——确认停用系统无泄漏

（P）——确认停用系统油雾喷射头无油冒出

（P）——确认生雾压力表指示回零

（P）——确认喷射压力表指示回零

> **最终状态 FS**
> **备用系统启运后正常运行，原在用系统停用**

状态确认：原备用系统处于正常运行状态，原在用系统处于备用状态。

单元 三
高压玻璃板液面计操作

一、投用

（P）——确认液面计安装完毕，可以投用

（P）——确认液面计上针阀关闭

（P）——确认液面计下针阀关闭

［P］——打开液面计下一次阀，开度适中

［P］——打开液面计上一次阀，开度适中

［P］——缓慢打开液面计上针阀，针阀全部打开

［P］——缓慢打开液面计下针阀，引入介质，最后针阀全部打开

（P）——再次确认液面计上针阀打开

（P）——再次确认液面计下针阀打开

（P）——确认液面计无泄漏处

校正液位：

（P）——确认液面计上、下一次阀打开状态

［P］——关闭液面计上针阀

［P］——关闭液面计下针阀

［P］——打开液面计排液阀，排净介质

［P］——关闭液面计排液阀

［P］——缓慢打开液面计下针阀，引入介质，最后针阀全部打开

（P）——再次确认液面计上针阀关闭

［P］——缓慢打开液面计上针阀，针阀全部打开

（P）——再次确认液面计下针阀打开

（P）——确认液面缓慢上升

（P）——确认液面稳定

［P］——与室内指示进行比较

二、切除和维修

（P）——确认液面计投用

［P］——关闭液面计下一次阀

［P］——关闭液面计上一次阀

［P］——打开液面计排液阀，排净介质

［P］——关闭液面计排液阀

[P]——关闭液面计上针阀

[P]——关闭液面计下针阀

[P]——缓慢打开液面计上针阀，最后针阀全部打开

[P]——缓慢打开液面计下针阀，最后针阀全部打开

[P]——打开液面计排液阀，排净介质

单元四
热工系统的投用与切除操作

一、工艺流程说明

冬季时，温度为 180～280℃、压力为 1.0MPa 的低压蒸汽自管网来，分两路进入蒸汽加热器 E9401A/B 壳程，与加氢裂化和加氢精制装置来的高温热水进行换热，壳程出来的蒸汽凝结水在温控阀 TV4001 的控制下送入系统管网；从加氢裂化和加氢精制两装置换热器来的高温热水进入本系统，经过卧式直通除污器 FI9401 除污后进入蒸汽加热器 E9401A/B 管程，与低压蒸汽进行换热，温度 95℃ 的高温热水从管程出来后，一部分去两装置的水伴热系统对工艺管线伴热，另一部分去系统管网（如果热水温度达到要求，可以从换热器跨线去装置水伴热系统）。从卧式直通除污器 FI9401 出来的另一路热水在流控阀 FV4005 控制下去循环水-热水换热器 E9402A/B 换热。

从裂化和精制两装置伴热系统及全厂系统管网来的 75℃ 低温热水，经过卧式直通除污器 FI9402 除污后，与 FI9401 来的高温热水汇合，然后分两路：一路在温控阀 TV4002A 控制下去热水循环泵入口；另一路在温控阀 TV4002B 控制下去循环水-热水换热器 E9402A/B 管程。循环冷水自总管来，进入循环水-热水换热器 E9402A/B 壳程，与低温热水换热后去循环热水总管；从 E9402A/B 管程出来的低温热水去热水循环泵 P9401A/B/C/D 入口，经泵升压后，一路去加氢裂化和加氢精制装置换热器取热，另一路去除污器 FI9401 入口。当泵入口压力不足时，从加氢裂化装置来的除氧水在压控阀 PV4002 控制下进入 P9401A/B/C/D 入口补水，以保证泵入口压力。

二、热工系统的投用

热工系统投用提示框（A 级）

初始状态 S_0
施工验收完毕，交付投用，进行投用前的准备工作

1. 设备管线吹扫及公用工程引入装置

（1）低压蒸汽系统管线的吹扫

（2）除氧水系统的吹扫

（3）循环水系统冲洗与引入

（4）低温热利用系统的冲洗与引入

2. 投用前条件确认

> **稳定状态 S_1**
> 系统投用前准备工作完成，公用工程引入装置，具备开工条件

3. 低压系统氮气气密

（1）除氧水系统气密

（2）低压蒸汽系统气密

> **稳定状态 S_2**
> 低压系统氮气气密完毕

4. 引除氧水进热工系统

（1）引除氧水准备工作

（2）热工系统加氢精制循环

（3）热工系统加氢精制、加氢裂化循环

> **最终状态 FS**
> 系统投用完毕，进入正常生产状态

热工系统投用操作（B级）

> **初始状态 S_0**
> 施工验收完毕，交付投用，进行投用前的准备工作

1. 初始状态确认

（P）——确认装置所属设备按设计要求安装完毕

（P）——确认装置所属管线按设计要求安装完毕

（P）——确认拆除调节阀更换短节

（P）——确认拆除流量孔板

（P）——确认拆除流量计更换短节

（P）——确认拆除过滤器更换短节

（P）——确认拆除安全阀

（P）——确认拆除滤网更换短节

（P）——确认拆除疏水器更换短节

（P）——确认管线标识正确

（P）——确认设备标识正确

（P）——确认所需的工具齐全

（P）——确认所需的耐压胶管齐全好用

（P）——确认所需的垫片齐全好用

（P）——确认所需的盲板齐全好用

（P）——确认所需的记录表格准备完毕

（P）——确认装置具备扫线条件

2. 热工系统吹扫

（1）低压蒸汽系统管线的吹扫

[P]——将非净化压缩空气引入低压蒸汽系统

[M]——联系施工保运人员将热工系统蒸汽加热器 E9401A/B 壳程入口阀解口（即拆开法兰并隔开，现场惯用语）

[M]——联系施工保运人员将热工系统蒸汽流量孔板 FE4001 拆除接临时短接

[P]——热工系统蒸汽加热器 E9401A/B 壳程入口阀解口排放

[M]——联系施工保运人员复位热工系统蒸汽流量孔板 FE4001

[M]——联系施工保运人员将热工系统蒸汽加热器 E9401A/B 出口蒸汽疏水器拆下解口

[P]——热工系统蒸汽加热器 E9401A/B 出口蒸汽疏水器拆下解口排放

（P）——确认各解口处排气干净

[M]——联系施工保运人员将热工系统凝结水控制阀 TV4001 拆下解口

[P]——经 E9401A/B 出口蒸汽疏水器副线在热工系统凝结水控制阀 TV4001 拆下解口排放

（P）——确认各解口处排气干净

[M]——联系施工保运人员将 E9401A/B 出口蒸汽疏水器及凝结水控制阀 TV4001 复位

[P]——经凝结水控制阀 TV4001 在凝结水至系统管网处解口排放

（P）——确认各解口处排气干净

（P）——确认各解口部位重新复位并紧固合格

[P]——恢复低压蒸汽流程

> **提示卡**
> 视现场低压蒸汽管网主干管末端安装的具体位置以及末端支线的接点而定，实现末端进风另一端开口排放的方法，确保低压蒸汽主干管吹扫干净。主干管吹扫干净后，开口法兰复位，界区阀前法兰盲板处解口排放，相应地关闭支线阀门，防止低压蒸汽与非净化压缩空气串气。

（2）除氧水系统的吹扫

[M]——联系施工保运人员拆 FT4004 孔板流量计

[P]——联系施工保运人员拆 PV4002 调节阀解口排放及其副线阀解口排放

（P）——确认各解口处排气干净

[M]——联系施工保运人员控制 PV4002 阀并使其副线阀复位

3. 循环水系统冲洗与引入

[P]——打通"循环水进装置→E9402A→循环水出装置"流程

[P]——打通"循环水进装置→E9402B→循环水出装置"流程

(P)——确认流程打通

[P]——打开循环水进装置截止阀

[P]——打开循环水出装置截止阀

[P]——引循环水进入装置循环

[P]——在装置循环水线上各低点排放洗水

(P)——确认排放干净后关闭

(P)——确认循环水管线无泄漏

4. 系统的冲洗与引入

[M]——联系施工保运人员自加氢精制来高温热水流量计 FT4002 拆下接短接

[M]——联系施工保运人员自加氢裂化来高温热水流量计 FT4003 拆下接短接

[M]——联系施工保运人员将高温热水出装置流量计 FT4005 拆下并接短接

[M]——联系施工保运人员将高温热水小循环控制阀 FV4005 拆下

[M]——联系施工保运人员将热水-循环水换热器 E9402A/B 跨线温控阀 TV4002A/B 拆下

[M]——联系施工保运人员将高温热水卧式直通排污器 0215-FI-9401 拆下

[M]——联系施工保运人员将低温热水卧式直通排污器 0215-FI-9402 拆下

[P]——打通"热水给水进装置→E9204 跨线（干净后投用正线）→热水回水出装置"流程

[P]——打通"热水给水进装置→E9203A/B 跨线（干净后投用正线）→热水回水出装置"流程

[P]——关闭 E9204 进出口截止阀

[P]——打开 E9204 跨线阀

[P]——关闭 E9203A/B 进出口截止阀

[P]——打开 E9203A/B 跨线阀

[P]——打开低温热水进装置截止阀

[P]——打开高温热水出装置截止阀

[P]——低温热水卧式直通排污器 0215-FI-9402 拆下解口处排放

(P)——确认冲洗干净后关闭卧式直通排污器 0215-FI-9402 前后截止阀

[M]——联系施工保运人员将卧式直通排污器 0215-FI-9402 复位

[P]——经卧式直通排污器 0215-FI-9402 副线在 FV4005 拆下解口处排放

[P]——经卧式直通排污器 0215-FI-9402 副线在 TV4002A/B 拆下解口处排放

(P)——确认冲洗干净

[M]——联系施工保运人员将 FV4005 及 TV4002A/B 拆下处接短接并将 E9402A/B

入口阀前法兰解口

[P]——E9402A/B 入口阀前法兰解口排放冲洗

(P)——确认冲洗干净

[M]——联系施工保运人员将解口部位复位

[M]——联系施工保运人员将热水循环泵 P9401A/B/C/D 入口解口以及将 PV4002 拆下

[P]——经 TV4002A 副线分别将热水循环泵 P9401A/B/C/D 入口解口排放冲洗

[P]——经 TV4002A 副线在 PV4002 拆下处解口排放

(P)——确认冲洗干净

[M]——联系施工保运人员将解口部位复位

[M]——联系加氢裂化装置将各热水换热器走副线同时进行水冲洗

(M)——确认加氢裂化装置水冲洗干净后，回水在本装置热工系统流量计 FT4003 拆下处解口冲洗干净

[P]——启动 P9401 走 E9203A/B 和 E9204，跨线后在热工系统高温热水流量计 FT4002 拆下处解口排放冲洗

(P)——确认冲洗干净

[M]——联系施工保运人员将 FT4002、FT4003 拆下处接短接

[P]——高温热水卧式直通排污器 0215-FI-9401 拆下处解口排放

(P)——确认冲洗干净

[M]——联系施工保运人员将高温热水卧式直通排污器 0215-FI-9401 复位

[M]——联系施工保运人员将热工系统蒸汽加热器 E9401A/B 管程高温热水入口阀前法兰解口

[P]——E9401A/B 管程高温热水入口阀前法兰解口排放

(P)——确认冲洗干净

[M]——联系施工保运人员将 E9401A/B 管程高温热水入口阀前法兰解口复位

[P]——经 E9401A/B 跨线在高温热水出装置流量计 FT4005 拆下处解口排放

(P)——确认冲洗干净

[M]——联系施工保运人员将高温热水出装置流量计 FT4005 拆下处接短接并将高温热水出装置界区阀解口

[P]——高温热水出本装置热工系统界区阀前解口排放

[M]——联系施工保运人员将高温热水出本装置界区阀前解口处复位

[P]——打开高温热水小循环根部阀，在热工系统小循环控制阀 FV4005 拆下处解口排放

(P)——确认冲洗干净

[M]——联系施工保运人员将热工系统小循环控制阀 FV4005 复位

[P]——经 FV4005 副线在 TV4002A/B 拆下处解口排放

(P)——确认冲洗干净

[M]——联系施工保运人员将 TV4002A/B 复位

[M]——联系施工保运人员将 FE4001、FT4002、FT4003、FE4004、FT4005 复位

(P)——低温热利用系统无泄漏

(M)——确认本装置热工系统冲洗完成且冲洗干净，复位部位已完成

[P]——恢复低温热回收系统正常生产工艺流程

5. 装置开车前应具备的条件

(M)——确认装置开工前验收完毕

(M)——确认装置的转机已经全部试车合格且单机已试运完毕

(M)——确认装置内的设备和管道系统的内部处理及耐压试验、严密性试验已经全部合格

(M)——确认装置的电气系统处于可用状态

(M)——确认仪表装置的检测系统全部符合设计要求且全部处于可用状态

(M)——确认仪表自动控制系统全部符合设计要求且全部处于可用状态

(M)——确认仪表联锁及报警系统全部符合设计要求且全部处于可用状态

(M)——确认装置的操作规程和试车方案已经由炼厂专业部门批准

(M)——确认装置各岗位的操作人员已经考试、考核合格获得上岗资格

(M)——确认装置开车所需要的各项公用工程已安全引入装置界区内

(M)——确认装置开车所需要的各项公用工程、各项工艺指标、流量保证满足要求

(M)——确认循环水系统已稳定运行

(M)——确认开车方案中规定的工艺指标、报警值、联锁值已经确定下达

(M)——确认各种事故处理方案已经确定

(M)——确认装置现场有碍安全的机器、设备、场地、走道外的杂物已全部清理干净

(M)——确认装置的各项安全消防设施已经按公司、炼厂要求准备齐全并已经过检查、试验好用

(M)——确认装置开车前已划定合理的开车区域并设立警示牌

(M)——确认无关人员不得进入开车区域

(M)——确认开车人员已经就位（包括专利商、供货商、施工单位、保运人员及现场操作人员）

(M)——确认设备位号、管道介质名称及流向标志完成

(M)——确认装置所有通信和调度系统畅通

(M)——确认装置照明齐全完好

(M)——确认装置压力表、温度计齐全完好

(M)——确认开车方案、操作规程、工艺卡片、生产台账及记录本已印发给生产开车人员

(M)——确认用于开车的物料（数量、质量符合要求）已经备好

(M)——确认进入冬季开车时所有走水管线已做好伴热

(M)——确认岗位尘毒、噪声临测点已确定

稳定状态 S_1
装置投用前准备工作完成，公用工程引入装置，具备开工条件

6. 低压系统氮气气密

（1）准备工作和注意事项

（M）——确认有完善的气密方案和气密流程

（M）——确认已准备详细的盲板图并有专人负责

（M）——确认用阀门或盲板隔离系统

（M）——确认安装好压力表且高温部分安装耐高温压力表

（M）——确认准备好气密用具：吸耳球、气密桶、肥皂水、刷子、喷壶等

（M）——确认试压前安全阀投用

（M）——确认冷换设备一程试压时另一程必须打开放空，以免憋漏管束胀口或头盖法兰

（M）——确认人员按分工进入指定区域

（M）——确认不漏一个气密点

（M）——确认并做好记录

（M）——确认试压过程如遇泄漏不得带压处理

（2）除氧水系统的气密

① 系统隔离：

[P]——关闭除氧水进装置界区阀并下盲板

[P]——关闭 PV4002 调节阀

[P]——关闭所有设备、管线上的排空阀、排凝阀、扫线阀、采样口、液面计排液阀等

② 气密方法：

[P]——通过 PV4002 调节阀前导淋向除氧水系统补充氮气气密

[I]——控制除氧水系统压力为 0.3MPa

（P）——确认系统压力为 0.3MPa，检查泄漏点

[P]——检查各气密点

[P]——发现漏点及时紧固

（P）——确认无漏点

[P]——系统泄压至微正压 0.05MPa

[M]——打通除氧水进装置界区盲板

[P]——恢复装置正常生产流程

③ 系统隔离：

[P]——关闭 0.8MPa 蒸汽进出装置闸阀

[P]——关闭汽轮机出口蒸汽线 250-LS-11402 闸阀

[P]——关闭 T9201 底部汽提蒸汽线 150-LS-20102 入塔前闸阀

[P]——关闭低压蒸汽分水器 V9302 底部凝结水线闸阀

④ 气密方法

[P]——利用部分用汽点排凝阀排凝，打开 1.0MPa 蒸汽进装置界区阀及盲板投用 LS

界区温度压力及流量表，将低压蒸汽引入低温热利用系统

　　[I]——低压蒸汽系统气密压力为 1.0MPa，气密介质为低压蒸汽

　　(P)——确认蒸汽系统气密压力为 1.0MPa，检漏

　　[P]——检查各气密点

　　[P]——发现漏点及时紧固

　　(P)——确认无漏点

　　[P]——恢复装置正常生产流程

　　⑤ 气密流程：以 1.0MPa 蒸汽主干管为中心，对 E9401A/B 法兰进行检查，发现漏点及时紧固。

7. 引除氧水进热工系统

　　[M]——联系调度准备引除氧水进热工系统

　　[P]——调校 PV4002、TV4001、FV4005、TV4002A、TV4002 灵活好用

　　[P]——投用循环冷却水系统

　　[P]——投用 P9401 冷却水系统

　　[P]——投用系统流程

8. 热工系统加氢精制循环

　　[P]——投用自加氢精制来高温热水流量计 FT4002

　　[P]——投用高温热水出装置流量计 FT4005

　　[P]——投用高温热水小循环控制阀 FV4005

　　[P]——投用热水-循环水换热器 E9402A/B 跨线温控阀 TV4002A/B

　　[P]——投用高温热水卧式直通排污器 0215-FI-9401

　　[P]——投用低温热水卧式直通排污器 0215-FI-9402

　　[P]——投用 E9402A/B

　　[P]——打通"热水给水进装置→E9204 跨线（干净后投用正线）→热水回水出装置"流程

　　[P]——打通"热水给水进装置→E9203A/B 跨线（干净后投用正线）→热水回水出装置"流程

　　[P]——关闭 E9204 进出口截止阀

　　[P]——打开 E9204 跨线阀

　　[P]——关闭 E9203A/B 进出口截止阀

　　[P]——打开 E9203A/B 跨线阀

　　(M)——确认除氧水干净后，投用 E9203A/B 和 E9204A/B

　　[P]——打开低温热水进装置截止阀

　　[P]——打开高温热水出装置截止阀

　　[P]——确认流程已经打通，并且系统已经灌满除氧水，高点排气

　　[P]——启动热水循环泵 P9401A/B/C/D 建立循环

　　(M)——确认已经建立循环，并且无跑、冒、滴、漏

[P]——冬季投用伴热系统

[P]——打开伴热热水进装置界区闸阀

（M）——确认闸阀已经打开

[P]——打开伴热热水出装置界区闸阀

（M）——确认闸阀已经打开

（P）——低温热利用系统无泄漏

（M）——确认本装置热工系统工艺流程正确

9. 低温热利用系统加氢精制、加氢裂化循环

[M]——联系加氢裂化装置准备送低温热水

[P]——打开低温热水去加氢裂化装置界区闸阀

（M）——确认闸阀已经打开

[P]——打开高温热水自加氢裂化装置来界区闸阀

（M）——确认闸阀已经打开

（M）——确认低温热利用系统加氢精制、加氢裂化循环正常

> **最终状态 FS**
> **系统投用完毕，进入正常生产状态**

安全措施：

① 系统要高点放空，防止注入除氧水时憋压；

② 有高温热水，防止操作人员烫伤，确保人身安全；

③ 冬季要重点巡检死角，防止冻凝。

三、热工系统的切除

热工系统切除提示框（A 级）

> **初始状态 S_0**
> **低温热利用系统正常运行**

装置正常停工是指计划性停工或发生故障有充分处理时间的停工。热工系统需要停工。停工操作必须按规程进行，按项目落实，设专人负责检查。

1. 系统降温循环

2. 系统停热水循环泵

> **最终状态 FS**
> **低温热利用系统停工完毕**

热工系统切除操作（B级）

1. 准备工作

（M）——确认已经联系调度，准备停低温热利用系统

（M）——确认准备好停工检修所需的临时盲板

（M）——确认已经联系调度准备停工所需的各种备品、材料、工具

（M）——确认已经组织相关的岗位人员熟悉停工的步骤和流程

（M）——确认成立停工指挥小组，统一协调、指挥部署

> **初始状态 S_0**
> **低温热利用系统正常运行**

状态确认：装置运行正常。

2. 系统降温循环

[I]——以 $10\sim15℃/h$ 降循环水温度

[I]——逐渐关小 TV4001 调节阀

[M]——将低压蒸汽切除系统

(I)——确认 TIC4001 降温到 $40\sim50℃$

[P]——关闭伴热热水进装置界区闸阀

[P]——关闭伴热热水出装置界区闸阀

[P]——切除 E9203、E9204

[P]——放尽 E9203、E9204 存水

3. 停 P9401

(I)——确认低温热利用系统温度降到 $40\sim50℃$

[P]——停 P9401 运转

[P]——关闭 P9401 出口阀

[P]——关闭 P9401 入口阀

> **提示卡**
> **冬季一定要排干净死角等的存水，防冻防凝**

单元五
凝结水系统的操作

一、本装置凝结水的来源

1. 蒸汽软管站疏水器

2.蒸汽总管末端疏水器

3.V9302（低压蒸汽分水器）下部疏水器

4.新氢机水站蒸汽加热盘管疏水器

5.热工系统 E9401A/B 产生的凝结水

二、凝结水去向

装置内疏水器产生的热凝结水和热工系统产生的热凝结水在装置外汇合到热凝结水总管，然后去 $1×10^7$ t/a 加氢裂化装置。

三、凝结水系统的操作

1.投用疏水器

［P］——确认凝结水出装置界区阀关闭

（P）——确认凝结水出装置界区盲板已通

（P）——确认各疏水器后截止阀关闭

［P］——打开疏水器后导淋阀

［P］——打开疏水器前截止阀

［P］——逐个打开各蒸汽使用点蒸汽阀门

（P）——确认各疏水器不泄漏蒸汽和不堵

［P］——打开各疏水器后截止阀，并关闭导淋阀

（P）——确认界区内凝结水管网运行正常

［P］——打开凝结水出装置界区闸阀

（P）——确认装置内疏水器产生的热凝结水并入凝结水系统管网

（P）——确认各疏水器工作正常

2.投用热工系统凝结水

（P）——确认热工系统凝结水出装置界区阀关闭

（P）——确认热工系统凝结水出装置界区盲板已通

（P）——确认 TV4001 调节阀灵活好用

［M］——联系调度准备送热凝结水

［P］——投用 E9401A/B

［P］——打开疏水器前、后截止阀

（P）——确认出 E9401A/B 的疏水器工作正常

［P］——投用 TV4001 调节阀

［P］——打开凝结水出装置界区阀

（P）——确认凝结水并网正常

3.特殊情况

如果凝结水出装置压力低于界区外压力，无法并网：

[M]——通知车间、联系调度

[P]——打开凝结水末端导淋阀

[P]——关闭凝结水出装置界区阀

[P]——热工系统在 TV4001 阀后加临时管排到明沟中

(P)——确认管线内无存水，冬季用风吹扫干净

[P]——冬季注意认真检查疏水器运行情况，防冻、防凝

提示卡
冬季疏水器直排时注意不要使水流淌到过往路面上，以免结冰

单元 六
伴热系统的操作

一、伴热系统投用操作

(P)——确认热工系统运行稳定

(P)——确认各伴热分支管线闸阀关闭

[P]——打开伴热进装置界区闸阀

(P)——确认闸阀已经打开

[P]——打开伴热出装置界区闸阀

(P)——确认闸阀已经打开

[P]——确认管线、阀门法兰没有泄漏

(P)——打开各个伴热热水站给水的分支阀

[P]——打开各个伴热回水站的分支阀

(P)——确认分支阀已经打开

(P)——确认各个分支阀门、法兰没有泄漏

(P)——确认各个分支管线已经加热

提示卡
各伴热管线不允许排水，防止冻凝其它伴热管线

二、伴热系统停用操作

(P)——确认热工系统运行稳定

(P)——确认各伴热分支管线闸阀打开

[P]——关闭伴热进装置界区闸阀

（P）——确认闸阀已经关闭

［P］——关闭伴热出装置界区闸阀

（P）——确认闸阀已经关闭

（P）——关闭各个伴热热水站给水的分支阀

［P］——关闭各个伴热回水站的分支阀

（P）——放尽伴热管线内的存水

（P）——确认伴热系统停用完毕

习题与
思考

1. 简述原料油过滤器投用步骤。

2. 简述热工系统投用步骤。

3. 简述伴热系统投用和停用操作。

模块十

加氢装置安全常识

任务目标　1. 知识目标

掌握常用危险化学品的危险类别、危险特性、接触后表现、现场急救措施、泄漏应急处理和接触控制及个人防护；

熟知加氢装置危险区域。

2. 能力目标

能说出常用危险化学品的危险类别、危险特性及接触后表现；

能说明并掌握现场急救措施、泄漏应急处理方法。

3. 素质目标

培养学生将所学知识与实际应用结合的意识和能力；

培养学生严谨认真的工作态度、执行操作规程的责任意识。

教学条件 ≫

汽柴油加氢实物仿真实训室或企业加氢车间，或安装有汽柴油加氢仿真软件的机房。

教学环节 ≫

学习常用危险化学品的危险类别、危险特性、接触后表现、现场急救措施、泄漏应急处理和接触控制及个人防护等相关安全知识，完成实训任务。

教学要求 ≫

根据教学目标，掌握硫化氢、氢气、液化气、汽油、柴油等化学品泄漏应急处理方法，掌握加氢装置危险区域的安全环保规定。

加氢装置生产过程中，原料及各种产品均属于可燃物，部分产品更是具有高度的挥发性，有燃烧和爆炸的危险。

单元 一
常用化学品安全知识

一、氢气

1.危险性类别

氢气属于易燃气体。

2.危险特性

氢气与空气混合能形成爆炸性混合物，遇热或明火即爆炸。氢气比空气轻，在室内使用和储存时，漏气上升滞留屋顶不易排出，遇火星会引起爆炸。氢气与氟、氯、溴等卤素会剧烈反应。

3.接触后表现

氢气在生理学上是惰性气体，仅在高浓度时，由于空气中氧分压降低才引起窒息。在很高的分压下，氢气可呈现出麻醉作用。

4.现场急救措施

现场吸入时，应迅速脱离现场至空气新鲜处，保持呼吸道畅通。如呼吸困难给输氧；如呼吸停止，立即行进人工呼吸，就医。

5.泄漏应急处理

迅速撤离泄漏污染区人员至上风处，并进行隔离，严格限制出入。切断火源，建议应急处理人员戴自给正压式呼吸器，穿防静电工作服。尽可能切断泄漏源。合理通风，加速扩散。如有可能，将漏出气用排风机送至空旷地方或装设适当喷头烧掉，漏气容器要妥善处理，修复检验后再用。

6.接触控制及个体防护

呼吸系统防护：一般不需特殊防护，高浓度接触时可佩戴自给式空气呼吸器。
眼睛防护：一般不需特殊防护。
身体防护：穿防静电工作服和防静电鞋。
手防护：一般作业防护手套。
其他防护：工作场所禁止烟火，避免吸入高浓度氢气。

二、液化气

1. 危险性类别

液化气属于易燃液体。

2. 危险特性

液化气极易燃，与空气混合能形成爆炸性混合物；遇热源和明火有燃烧爆炸的危险；与氟、氯等接触会发生剧烈的化学反应。其蒸气比空气重，能在较低处扩散到相当远的地方，遇火源会着火回燃。

3. 接触后表现

液化气有麻醉作用，急性中毒的症状有头晕、头痛、兴奋或嗜睡、恶心、呕吐、脉缓等。

4. 现场急救措施

皮肤接触：若有冻伤，就医治疗。
吸入：迅速脱离现场至空气新鲜处，保持呼吸道通畅。如呼吸困难，给输氧；如呼吸停止，立即进行人工呼吸，就医。

5. 泄漏应急处理

迅速撤离污染区域人员至上风处，并进行隔离，严格限制人员出入。切断火源，建议应急处理人员戴正压式自给呼吸器，穿防静电服，不要直接接触泄漏物。尽可能切断泄漏源。

6. 接触控制及个体防护

工程控制：生产过程应密闭，环境全面通风，最好提供良好的自然通风条件。
呼吸系统防护：高浓度环境中，建议佩戴空气呼吸器。
眼睛防护：一般不需要特殊防护，高浓度接触时可戴化学安全防护眼镜。
身体防护：穿防静电工作服。
手防护：戴一般作业防护手套。

三、汽油

1. 危险性类别

汽油属于易燃液体。

2. 危险特性

汽油属于高度易燃液体和蒸气，其蒸气与空气可形成爆炸性混合物，遇明火、高热极易燃烧爆炸；与氧化剂能发生强烈反应；蒸气比空气重，沿地面扩散并易积存于低洼处，遇火源会着火回燃。

3. 接触后表现

汽油主要作用于中枢神经系统。急性中毒症状有头晕、头痛、恶心、呕吐、步态不稳、共济失调。高浓度吸入出现中毒性脑病。皮肤接触致急性接触性皮炎或过敏性皮炎。急性经口中毒引起急性胃肠炎；重者出现类似急性吸入中毒症状。慢性中毒：神经衰弱综合征，周围神经病，皮肤损害。

4. 现场急救措施

吸入：迅速脱离现场至空气新鲜处，保持呼吸道通畅。如呼吸困难，给输氧。呼吸、心跳停止时，立即进行心肺复苏术，就医。

皮肤接触：立即脱去污染的衣着，用肥皂水和清水冲洗皮肤，如有不适感，就医。

眼睛接触：立即提起眼睑，用大量流动清水或生理盐水彻底冲洗，如有不适感，就医。

食入：饮水，禁止催吐，如有不适感，就医。

5. 泄漏应急处理

汽油泄漏时要消除所有点火源。根据液体流动和蒸气扩散的影响区域划定警戒区，无关人员从侧风、上风向撤离至安全区。建议应急处理人员戴正压式自给呼吸器，穿防毒、防静电服，戴橡胶耐油手套。作业时使用的所有设备应接地。禁止接触或跨越泄漏物。尽可能切断泄漏源。作为一项紧急预防措施，泄漏隔离距离至少为 50m。如果为大量泄漏，下风向的初始疏散距离应至少为 300m。

6. 接触控制及个体防护

工程控制：生产过程密闭，环境全面通风。

呼吸系统防护：一般不需要特殊防护，高浓度接触时可佩戴自吸过滤式防毒面具（半面罩）。

眼睛防护：一般不需要特殊防护，高浓度接触时可戴化学安全防护眼镜。

身体防护：穿防静电工作服。

手防护：戴橡胶耐油手套。

其他防护：工作现场严禁吸烟，避免长期反复接触。

四、柴油

1. 危险性类别

柴油属于高闪点液体。

2. 危险特性

柴油易燃，其蒸气与空气混合，能形成爆炸性混合物；遇明火、高热或与氧化剂接触，有引起燃烧爆炸的危险；若遇高热，容器内压增大，有开裂和爆炸的危险。

3. 现场急救措施

皮肤接触：立即脱去污染的衣着，用肥皂水和清水彻底冲洗皮肤。如有不适感，就医。

眼睛接触：提起眼睑，用流动清水或生理盐水冲洗。如有不适感，就医。

吸入：迅速脱离现场至空气新鲜处，保持呼吸道通畅。如呼吸困难，给输氧。呼吸、心跳停止，立即进行心肺复苏术，就医。

食入：尽快彻底洗胃，就医。

4. 泄漏应急处理

根据液体流动和蒸气扩散的影响区域划定警戒区，无关人员从侧风、上风向撤离至安全区。消除所有点火源。建议应急处理人员戴防毒面具，穿防静电服。尽可能切断泄漏源。防止泄漏物进入水体、下水道、地下室或密闭性空间。小量泄漏用活性炭或其它惰性材料吸收。大量泄漏则构筑围堤或挖坑收容，然后用泵转移至槽车或专用收集器内。

5. 接触控制及个体防护

工程控制：密闭操作，注意通风。

呼吸系统防护：一般不需特殊防护，但建议特殊情况下，佩带供气式呼吸器。

眼睛防护：必要时戴安全防护眼镜。

身体防护：穿工作服。

手防护：必要时戴防护手套。

五、硫化氢

1. 危险性类别

硫化氢属于易燃气体。

2. 危险特性

硫化氢易燃，与空气混合能形成爆炸性混合物，遇明火、高热能引起燃烧爆炸；与浓硝酸、发烟硝酸或其它强氧化剂剧烈反应，发生爆炸；气体比空气重，能在较低处扩散到相当远的地方，遇火源会着火回燃。

3. 接触后表现

硫化氢是强烈的神经毒物，对黏膜有强烈刺激作用。短期内吸入高浓度硫化氢后出现流泪、眼痛、眼内异物感、畏光、视物模糊、流涕、咽喉部灼热感、咳嗽、胸闷、头痛、头晕、乏力、意识模糊等，部分患者可有心肌损害，重者可出现脑水肿、肺水肿。极高浓度（1000mg/m³ 以上）时可在数秒钟内突然昏迷，呼吸和心搏骤停，发生闪电型死亡。高浓度接触眼结膜会发生水肿和角膜溃疡；长期低浓度接触，引起神经衰弱综合征和自主神经功能紊乱。

4. 现场急救措施

吸入：迅速脱离现场至空气新鲜处，保持呼吸道通畅。如呼吸困难，给输氧。如呼吸停止，立即进行人工呼吸，就医。

眼睛接触：立即提起眼睑，用大量流动清水或生理盐水彻底冲洗至少 15min，就医。

皮肤接触：脱去污染的衣着，立即用流动清水彻底冲洗。

5. 泄漏应急处理

迅速撤离泄漏污染区人员至上风处，并立即进行隔离，泄漏量小时隔离 150m，泄漏量大时隔离 300m，严格限制人员出入。切断火源。建议应急处理人员戴正压式自给呼吸器，穿防静电工作服，从上风处进入现场。尽可能切断泄漏源。合理通风，加速扩散。用喷雾状水稀释、溶解，构筑围堤或挖坑收容产生的大量废水。如有可能，将残余气或漏出气用排风机送至水洗塔或与塔相连的通风橱内；或使其通过三氯化铁水溶液，管路安装止回装置以防溶液吸回。漏气容器要妥善处理，修复、检验后再用。

6. 接触控制及个体防护

工程控制：严加密闭，提供充分的局部排风和全面通风，提供安全淋浴和洗眼设备。

呼吸系统防护：空气中浓度超标时，佩戴过滤式防毒面具（半面罩）。紧急事态抢救或撤离时，建议佩戴氧气呼吸器或空气呼吸器。

眼睛防护：戴化学安全防护眼镜。

身体防护：穿防静电工作服。

手防护：戴防化学品手套。

其他防护：工作现场禁止吸烟、进食和饮水。工作完毕，淋浴更衣。及时换洗工作服。作业人员应学会自救互救。

单元 二
加氢装置危险区域安全规程

一、安全检查规定

① 每月检查消防器材，罐区消防水、泡沫系统雨淋阀、手阀、排气阀是否达到备用状态。

② 每天交接班前检查外操室气防柜内空气呼吸器状况，气瓶气压是否达到备用气压，面罩是否完好，发现安全器具不全或达不到要求及时汇报装置安全工程师。

二、环保操作规定

① 树立清洁生产概念，加强节水及环保意识。

② 落实"雨污分流"，装置区检修、事故产生的油、水应避免进入雨水系统。若无法控制，应采取堵截及收救措施，并及时通知调度、安环部。

③ 按照规定妥善处置各类固体废物，严禁乱堆乱放。

④ 杜绝乱排乱放，严格执行各项环保管理制度。

三、加氢装置危险区域操作规定

① 循环氢中硫化氢含量约为200ppm，拆检压缩机时必须泄压置换合格，佩戴报警仪，发现泄漏点立刻上报班长，佩戴正压式空气呼吸器进行处理。涉及区域作业的务必双人操作，若机修、仪表操作务必配有安全监护人。

② 循环氢脱硫前，硫化氢含量在20000ppm以上，取循环氢气样时必须佩戴正压式呼吸器，双人操作，一人上风向监护，监护人佩戴报警仪，班长、安全员现场确认。涉及区域作业的务必双人操作，若机修、仪表操作务必配有安全监护人。

③ 冷高压分离器含硫污水，硫化氢含量约为20000ppm，发现泄漏点时立刻上报班长，若需取水样观察必须佩戴正压式呼吸器进行处理。涉及区域作业的务必双人操作，若机修、仪表操作务必配有安全监护人。

④ 含硫污水罐硫化氢含量约为20000ppm，富液闪蒸罐硫化氢含量约为20000ppm，涉及区域作业的务必双人操作，若机修、仪表操作务必配有安全监护人。

⑤ 反冲洗过滤器，因温度较高，冲洗油硫化氢易挥发，硫化氢含量约为2000ppm，涉及区域作业时务必双人操作，若机修、仪表操作务必配有安全监护人。

⑥ 放空气体硫化氢含量约为20000ppm，水样中约为150ppm，外送液位时需双人操作并佩戴报警仪。涉及区域作业的务必双人操作，若机修、仪表操作务必配有安全监护人。

⑦ 地下污油罐，硫化氢含量约为500ppm，外送液位时需双人操作并佩戴报警仪。

⑧ 原料油罐，因温度较高，冲洗油硫化氢易挥发，硫化氢含量约为2000ppm，液化气脱硫塔硫化氢约为500ppm，涉及区域作业的务必双人操作，若机修、仪表操作务必配有安全监护人。

⑨ 汽提塔硫化氢含量约为20000ppm，汽提塔回流泵内介质硫化氢含量约为10000ppm，灌泵和泵排空均密项进行，加堵盲板需佩戴正压式呼吸器，双人操作，一人上风向监护，监护人佩戴报警仪，班长、安全员现场确认。涉及区域作业的务必双人操作，若机修、仪表操作务必配有安全监护人。

⑩ 汽提塔回流罐水样硫化氢含量约为10000ppm，分馏塔回流罐水样硫化氢含量约为200ppm，涉及区域作业的务必双人操作，若机修、仪表操作务必配有安全监护人。

⑪ 冷低分硫化氢含量约为50000ppm，冷低分水样硫化氢含量约为20000ppm，发现

泄漏点时立刻上报班长，若需取水样观察必须佩戴正压式呼吸器进行处理。涉及区域作业是务必双人操作，若机修、仪表操作务必配有安全监护人。

习题与
思考

1.分别说出人员接触 H_2S、汽油和柴油后的表现。

2.简述 H_2S 和柴油一旦发生泄漏，应采用哪些泄漏应急处理方法？

3.试说明加氢装置的危险区域安全操作规程。

参 考 文 献

[1] 齐向阳.汽柴油加氢生产仿真软件教学指导书.北京：化学工业出版社，2018.

[2] 张辉.加氢深度精制装置操作技术.北京：化学工业出版社，2019.

[3] 李杰.燃料油生产技术.北京：化学工业出版社，2012.